| 정완상

과학에 대한 호기심으로 서울대학교 무기재료공학과에 다녔고, 물리를 향한 마음이 더욱 커져 한국과학기술원(KAIST)에서 이론물리학을 전공하며 석박사 학위를 받았다. 30세에 경상국립대학교 물리학과 교수가 되어 학생들에게 물리 사랑을 전파하고 있다. 초심을 잃지 않기 위해 꾸준히 연구하며 현재까지 국제 학술지(SCI 저널)에 300여 편의 논문을 게재했다. 직접 만나는 학생뿐만 아니라 더 많은 학생들에게 과학과 수학의 즐거움을 알려주고자 책을 통해 독자를 만나고 있다. 〈과학자가 들려주는 과학 이야기 시리즈〉 중 《아인슈타인이 들려주는 상대성 이론 이야기》를 비롯한 31권과 〈과학공화국 법정 시리즈〉 50권을 집필했다. 최근에는 중학교에서도 통하는 초등수학을 카툰으로 그린 〈개념 잡는 수학툰 시리즈〉를 출간했고, 노벨상 오리지널 논문을 쉽게 풀어낸 〈노벨상 수상자들의 오리지널 논문으로 배우는 과학 시리즈〉를 집필 중이다. 우리나라의 노벨 과학상 수상자가 쏟아져 나오기를 바라는 마음에서 네이버 카페 〈정완상 교수의 노벨상-오리지널 논문 공부하기〉를 운영하기 시작했다.

위대한 발명의 순간들 < 음식편 >
초 판 발 행   2025년 10월 31일
저   자   신정수
펴 낸 곳   지오북스
등   록   2016년 3월 7일 제395-2016-000014호
전   화   02)381-0706 / 팩스   02)371-0706
이 메 일   emotion-books@naver.com
홈 페 이 지   www.geobooks.co.kr
I S B N   9791194145301
정   가   22,000 원

이 책은 저작권법으로 보호받는 저작물입니다.
이 책의 내용을 전부 또는 일부를 무단으로 전재하거나 복제할 수 없습니다.
파본이나 잘못된 책은 바꿔드립니다.

저자 서문

"한 숟갈에도 이야기가 있다."

어느 날, 늦은 밤 컵라면을 먹으며 문득 궁금해졌습니다.

"라면은 누가 처음 말려봤을까?"

"샌드위치는 왜 손으로 들고 먹는 음식이 되었을까?"

"피자는 언제부터 이렇게 둥글게 구워졌을까?"

"그리고 누가 처음 초콜릿에 쿠키를 박아 넣었을까?"

이 책은 그런 사소한 궁금증에서 시작되었습니다. 우리는 매일 음식을 먹습니다. 하지만 그 음식의 맛이나 레시피, 혹은 건강 정보는 자주 이야기되면서도, 그 음식이 어떻게, 왜, 누구에 의해 만들어졌는지는 종종 잊혀집니다. 사실, 음식은 인류가 발명한 가장 본능적이면서도 가장 창의적인 기술입니다. 허기를 달래고, 문화를 나누며, 때로는 전쟁을 견디고 혁신을 만들어낸 것도 음식이었습니다. 그래서 저는 음식의 역사, 아니, '음식의 발명 이야기'를 소설처럼 풀어보고 싶었습니다.

물론 이 책은 식품공학이나 요리학을 전공하는 사람만을 위한 책은 아닙니다. 우연한 실수, 기막힌 발상, 시대의 요청, 그리고 한 인간의 어처구니없는 고집이 모여 지금의 식탁이 만들어졌다는 사실. 저는 그 이야기를 독자와 함께 나누고 싶었습니다.

이 책의 절반은 단편소설 형식으로 구성되어 있습니다. 총 10가지 음식에 대해, 발명 당시의 분위기와 인간 군상을 생생히 느낄 수 있도록 픽션화된 짧은 이야기로 담았습니다. 그 속에는 역사적 사실을 바탕으로 하되, 감초처럼 등장하는 조연들은 제가 만들어낸 인물들입니다. 그들은 우스꽝스럽고, 투덜대며, 때로는 대단히 과장되어 있지만, 그 허구 속에는 오히려 더 진짜 같은 진심과 호기심이 담겨 있습니다. 그 외의 발명 음식들은 에세이 형식으로 풀어냈습니다. 짧고 명쾌하게, 그러나 최대한 흥미롭게. 누가, 왜, 어떤 계기로 그 음식을 만들었는지를 따라가며, 그와 얽힌 재미있는 사실들과 기네스 세계 기록도 함께 소개했습니다. 이를 통해 독자는 단순히 지식을 얻는 것을 넘어, "우와! 진짜 이런 일이 있었어?" 하는 놀라움과 웃음을 함께 경험하게 될 것입니다.

예를 들어, 감자칩이 셰프의 분노에서 태어났다는 사실, 치토스가 군용 장비에서 처음 나왔다는 이야기, 스팸이 어떻게 전쟁을 지나 국민 브랜드가 되었는지, 그런 믿기 힘들지만 진짜인 이야기들이 지금 여러분 손안의 이 책 속에 오롯이 담겨 있습니다. 그럼 이제, 식탁 위 작은 혁명들을 따라, '지글지글' 펼쳐지는 발명의 여정을 함께 떠나보시지요.

2025년 여름
저자 정완상 드림

차례

1. 패를 내려놓지 않는 남자, 샌드위치 - 샌드위치　　11
2. 달을 베어 물다 - 크로아상　　22
3. 왕비의 이름을 딴 피자 - 마르게리타 피자　　32
4. 광해군을 홀린 잡다한 채소 요리 - 잡채　　44
5. 다섯 번째 맛 - MSG　　53
6. 팬 하나로 세상을 끓이다 - 파에야　　61
7. 국물 한 그릇의 혁명 - 라면　　68
8. 검은 국물의 반란 - 자장면　　78
9. 코카잎이 만든 음료 - 콜라　　90
10. 맥도날드 왕국과 스피디의 비밀 - 햄버거　　103
11. 영국에서 태어난 인도 요리　　112
　　- 치킨 티카 마살라의 기묘한 여정

12. 사랑에서 태어난 면발 - 페투치니 알프레도   118
13. 노란 담요 덮은 밥 - 오므라이스   126
14. 생선 저장 기술에서 탄생한 음식 - 초밥   131
15. 찌고 삶고 튀기며 - 만두의 탄생 이야기   137
16. 세상에서 가장 맛있는 구멍 - 도넛   144
17. 달콤한 실수에서 탄생한 세계적인 간식 - 초코칩 쿠키   157
18. 불완전한 기계에서 튀어나온 간식 - 치토스   168
19. 바삭한 반란의 탄생 - 감자칩   178
20. 위장병 환자들을 위한 식단 - 시리얼의 탄생   186
21. 생선에서 시작된 토마토의 모험 - 케첩   194
22. 깡통으로 전쟁을 이기다 - 통조림   205
23. 한 그릇에 담긴 조화의 철학 - 비빔밥   214

1. 패를 내려놓지 않는 남자, 샌드위치

- 샌드위치

1762년, 런던 북부, 샌드위치 가문 저택의 서재. 백작 존 몬태규는 이마에 땀을 맺은 채 테이블에 홀로 앉아 있었다. 책상 위에는 도박 카드, 노란 촛불, 그리고 의문의 수첩 하나.

"레스터 백작. 지난달엔 내 킹을 읽어냈지. 오늘 밤은 다를 거야."

그는 패를 쥔 채 혼잣말을 중얼거리며 카드를 다시 섞었다. 손놀림은 번개 같았고, 눈은 멀리 응시한 채 표정 훈련을 하고 있었다.

"기쁠 때는 눈썹을 올리되, 웃지 말 것. 슬플 때는 혀를 깨물되, 침은 삼킬 것…."

그는 마치 도박 예절 책이라도 외우듯 중얼거렸다.

그 순간, 문이 살짝 열렸다.

"각하… 점심 드셔야죠. 4시간째 아무것도 안 드셨습니다."

찰스 하인, 성실하지만 성가신 하인이었다.

"찰스, 그만. 식당에 앉아 수프를 마시고 포크로 생선을 썰 시간에 플러시를 이기는 법을 연습해야 하네."

"하지만 어제도 점심을 빵으로 해결하셨고"

"그건 점심이 아니라 작전식이었어. 포크보다 패를 들어야 할 때가 있는 법이지."

서재 문이 살짝 열렸다. 강아지 버터컵이 등장했다. 짧은 다리, 통통한 몸, 반짝이는 눈동자. 그는 입에 식빵 한 조각을 물고 있었다.

그날 밤 9시 런던. 세인트 제임스 거리의 한 귀족 전용 클럽. 연기 가득한 벨벳방안. 촛불이 은은한 도박장의 중심 테이블. 귀족들이 숨을 죽이고 지켜보는 가운데, 존 몬태규 백작과 레스터 백작이 마주 앉아 있었다. 딜러가 카드를 섞는 순간, 고요한 공기를 가르며,

"꾸르륵……"

실로 장중하고 장대한, 바흐도 베토벤도 울고 갈 위장의 교향곡 1번 '위가 외로워요'가 연회장 천장에 반사되듯 울려 퍼졌다. 순간, 은 숟가락을 입에 넣던 귀부인은 멈칫했고, "쉿, 지금 이 음은 몇 도 화음이지?" 하고 혼잣말했다.

정적.

그리고 그 정적을 찢은 건, 라이벌 레스터 백작의 목소리였다.

"오오… 몬태규 백작! 당신의 배에서 지금… '전쟁 서곡'이 울리

고 있군요! 포병대가 수프를 요구하는 소리겠지요?"

귀족들 사이에서 가느다란 웃음이 폭죽처럼 터졌다.

하인이 다급하게 다가왔다.

"백작님, 식사를 준비하겠습니다."

"아니. 내 손은 테이블을 떠날 수 없어. 젓가락도 포크도 안 돼. 손을 안 씻어도 되는 거로. 그리고…이 패를 놓지 않아도 되는 거로."

하인은 허둥지둥 계단을 내려갔다. 그의 머릿속은 카드를 들고 고개도 못 돌리는 백작의 모습으로 가득했다. '먹는다는 건 왜 이리 복잡한 일인가!' 그는 주방 문을 박차고 소리쳤다.

"빵 두 개 사이에 뭐든 넣어요! 뭐든지! 손 안 더러워지는 게 중요해요!"

요리사는 잠시 침묵하더니 남은 로스트 비프를 얇게 저미고, 버터를 살짝 바른 빵 두 조각 사이에 넣었다. 소스도 묻어나지 않게. 기름도 거의 없이. 그리고 접시 대신 손수건에 싸서 올렸다.

백작의 눈은 반쯤 감겨 있었고, 손은 아직 패를 쥐고 있었다. 하인은 숨을 몰아쉬며 빵을 그에게 건넸다.

"이게 뭡니까?"

"명령대로입니다. 손 안 더러워지는… 그런 음식."

백작은 패를 내려놓지 않은 채, 빵을 들어 한입 물었다. 부스러기 하나 떨어뜨리지 않고, 소스도 묻지 않았다. 그는 순간 멈칫하더니, 천천히 웃음을 흘렸다.

"이건… 내 이름을 걸 수 있는 맛이다. 이건 음식이 아니라… 전략이다."

그 뒤로 그는 연달아 6게임을 이겼고, 레스터 백작은 술에 젖은 눈으로 물었다.

"그건 뭐지? 손에 든 이상한 덩어리 말이야."

백작은 대답했다.

"샌드위치. 내 이름을 붙이게."

그날 이후, 런던의 도박장, 거리, 선술집, 그리고 세계의 도시들은 나이프 없는 식사, 손으로 쥐는 식사라는 새로운 발명품을 받아들이게 되었다. 그리고 사람들은 잊지 않게 되었다. 배고픔을 무기화한 남자, 패를 놓지 않았던 백작, 샌드위치라는 이름의 유산을.

샌드위치 백작

샌드위치 백작은 영국 국무장관, 해군 대신을 역임했다. 미국 독립전쟁 시기에는 해군 전략의 핵심 인물로 활동하며, 국내외에서 실무형 관료로 평가받았다. 한편, 그는 음악과 연극을 사랑한 문화 애호가로 런던의 극장계, 음악계와도 끈끈한 관계를 유지했다.

18세기 대항해 시대의 상징적 인물 제임스 쿡 선장. 그의 3차 세계 탐험 항해를 후원한 인물 역시 샌드위치 백작이었다. 쿡이 1778년 태평양에서 하와이 제도를 처음 발견했을 때, 이를 후원자에게 경의를 표하기 위해 '샌드위치 제도(Sandwich Islands)'라 이름 붙인 것은 유명한 일화다.

고기와 얼음, 품격의 냄새

18세기의 샌드위치는 단순한 간편식이 아니었다. 빵 사이에 어떤 고기를 넣느냐는, 때로는 그 사람의 취향과 사회적 지위를 은근히 드러내는 '맛의 명함'이었다.

가장 흔히 사용된 재료는 소고기 슬라이스. 특히 염장 소고기(corned beef)는 긴 시간 보관이 가능하면서도 풍미가 깊어 귀족들 사이에서도 인기가 높았다. 육즙이 살아있는 로스트비프, 짭조름한 햄, 아침 식사로 사랑받던 베이컨도 인기 있었지만, 샌드위치의 중심은 늘 '소고기'였다.

그 시절, 냉장고는 없었고, 아이스박스는 고급 과일 상자보다 귀했다. 고기 한 점을 얼마나 신선하게 유지할 수 있느냐는 단순한 주방 기술이 아니라, 그 집안의 품격을 말해주는 잣대였다.

햇볕 아래 놓인 고기는 금세 누렇게 변하고, 조금만 방심해도 특유의 시큼한 냄새를 피웠다. 지금처럼 "냉장실에 넣으세요" 한마디로 해결되던 시대가 아니었다. 귀족들은 이 '썩어가는 시간'과의 싸움에서 이기기 위해 얼음을 사들였다. 그것도 겨울 한 철 동안만 구할 수 있는 귀한 얼음을 사들였다. 큰 저택에는 마치 지하 금고처럼 생긴 '아이스 하우스(Ice House)'가 따로 있었다. 겨울에 강에서 채취한 얼음을 톱질해 저장해두고, 여름까지 버티게 하는 구조였다. 하인들은 그 얼음을 조금씩 꺼내 고기 저장고를 식혔고, 주방은 마치 무대를 준비하듯 분주했다.

아침마다 장 보러 나가는 하인의 손에는 바구니보다 체면이 실렸다. "어제보다 더 싱싱한 고기여야 하네." 주인 여인의 당부는 곧 식탁 위 권위의 연장이었다. 상한 고기가 식탁에 오르면, 그건 단순한 요리 실패가 아니었다. 집안 전체의 관리 능력이 의심받는 일종의 '사회적 사건'이었다.

그래서 상류층의 고기는 늘 '지금 막 잡아 온 듯' 살아있어야 했다. 이 생동감은 재산과 연결되고, 위생 개념과 직결되었으며, 나아가 미각의 우열까지 결정했다. 신선한 고기를 준비할 수 있다는 건, 그만큼 사람을 부릴 수 있고, 기술과 공간을 갖췄다는 뜻이었으니, 고기는 단순한 식재료가 아닌 신분의 상징이었다.

샌드위치의 대중화를 이끈 브랜드
-서브웨이(Subway)의 탄생

1965년 여름, 미국 코네티컷 주 브리지포트에서 대학생 프레드 델루카(Fred DeLuca)는 의대를 진학할 학비가 필요했다. 친구이자 핵물리학자인 피터 벅(Peter Buck)은 그에게 한 가지 제안을 건넸다.

"샌드위치 가게를 열지 않겠니?"

당시만 해도 샌드위치는 델리나 개인 가게에서 간단히 만들어 팔던 '서민 음식'이었다. 하지만 이 두 사람은 샌드위치를 체계적인 패스트 푸드 브랜드로 키워낼 수 있다고 믿었다.

그들은 첫 매장의 이름을 "Pete's Super Submarines"라 붙였다. 길쭉한 빵 속에 다양한 고기와 채소를 취향대로 넣는 이른바 '서브(Submarine) 샌  드위치'는 지역 사회에서 빠르게 인기를 끌었다. 단골들이 줄을 섰고, 입소문이 났다.

하지만 곧 브랜드 이름이 길고 혼동을 준다는 문제에 봉착했고, 1968년, 단순하고 기억하기 쉬운 이름으로 변경하기로 했다. 그 이름이 바로 "서브웨이(Subway)"였다.

세상에서 제일 큰 샌드위치

미국 미시간주의 작은 도시 로즈빌. 이곳의 지역 레스토랑인 Wild Woody's Chill and Grill은 어느 날 엉뚱한 생각을 했다.

"세상에서 제일 큰 샌드위치를 만들어 보자!"

그들의 도전은 단순한 조리 행위가 아니었다. 수십 명의 셰프, 트럭으로 운반한 재료, 크레인으로 들어 올리는 빵, 그리고 도시 전체가 참여하는 듯한 하나의 '이벤트'였다.

그날, 빵 위에 올라간 재료만도 양상추, 토마토, 양파, 피클, 치즈, 햄, 살라미, 로스트비프, 칠면조 등 무려 60가지 종류. 빵은 거대한 철제 틀에서 구워졌고, 샌드위치를 조립하는 데만 수 시간이 걸렸다.

완성된 샌드위치의 길이는 3미터가 넘었고, 너비는 거의 소파 수준, 두께는 한 사람의 허리 높이에 달했다. 현장에서는 "이건 샌드위치라기보단 침대"라는 농담까지 나왔다. 이 거대한 샌드위치는 기네스 세계 신기록에 공식 등재되었고, 당일 지역 자선단체에 나누어져 배달되며 따뜻한 훈훈함도 남겼다.

레바논 Hazmieh에서 탄생한 세계 최장 샌드위치

샌드위치 한 줄로 기네스를 바꾼 순간이 있었다. 레바논의 Hazmieh 지역에서 열린 한 특별한 이벤트에서, 주민들과 레스토랑 체인이 함께 만든 길이 735미터, 무게 577kg에 달하는 초대형 치킨 샌드위치가 세계 최장 샌드위치 기록을 갈아치웠다.

이날 행사는 지역 자원봉사 단체인 Scouts de l'Indépendance, Hazmieh 시청, 그리고 유명 레바논 레스토랑 체인 Mini-B가 공동 주최했으며, 구운 치킨, 마늘 소스, 감자튀김, 신선한 채소가 조화롭게 어우러진 정통 레바논 스타일 샌드위치가 등장해 화제를 모았다.

빵은 현장에서 구운 대형 무빙 오븐 4대를 통해 제작되어, 하나의 긴 빵으로 이어졌고, 수백 명의 주민과 자원봉사자들이 직접 나서서 샌드위치를 완성했다. 작업에는 지역 초등학생부터 노년층까지 다양한 세대가 참여했으며, 샌드위치 제작이 완료된 후에는 참가자들과 시민들에게 무료로 나눠주는 시식 행사도 열려 큰 호응을 얻었다.

패를 내려놓지 않는 남자, 샌드위치

2. 달을 베어 물다

- 크로아상

1683년, 오스트리아 빈. 오스만 제국의 대군이 신성로마제국의 관문인 빈을 포위한 지 두 달째였다. 대포가 땅을 울렸고, 대기는 화약과 공포의 냄새로 짙게 깔려있었다. 십만이 넘는 오스만 군대는 유럽의 심장부를 삼키기 직전이었고, 도시는 끝을 향해 숨을 죽이고 있었다.

그러나 그런 암울한 새벽, 빈 시내 외곽의 한 작은 제과점에서는 여느 때와 다름없이 반죽을 치는 소리가 규칙적으로 울려 퍼지고 있었다.

"딱, 딱, 딱…"

그 소리는 폭격의 굉음 속에서도 유독 생생하게 살아있었다.

빵집 주인은 페터 벤들(Peter Wendler). 빈에서 나고 자란 평범한 제빵사였다. 그는 매일 새벽 세 시, 어둠 속에서 반죽을 쳤다. 그날도 그는 밀가루에 얼굴을 파묻고 있었다. 옆에서 만년 조수인 '루카스'가 하품을 터뜨리며 말했다.

"마스터, 이 시간에 빵을 굽는 사람은 당신밖에 없어요."

"그럼, 전쟁 중에 배고픈 사람은 나뿐인가?"

"아뇨… 오스만 제국의 대재상 무스타파 파샤도 배고프겠죠."

그 순간, 바닥 아래서 "쿵… 쿵… 쿵…" 묘한 진동이 느껴졌다. 조수 루카스는 졸린 눈으로 고개를 들며 투덜거렸다.

" 오늘 반죽은 왜 이렇게 시끄럽죠? 밀가루가 아니라 돌을 치시는 건가요?"

페터는 반죽을 멈추고 가만히 귀를 기울였다. 천천히, 정확히. 그리고 눈이 커졌다.

"…이건 반죽 소리가 아니야."

"예?"

"이건 땅을 파는 소리야."

"…네?"

페터는 돌연히 제빵 삽을 내려놓고 루카스의 어깨를 꽉 움켜잡았다.

"오스만 놈들이 지하에서 터널을 파고 있어! 빨리 성벽경비대에 알려! 지금 당장!"

루카스는 벽에 걸린 외투도 신발도 제대로 못 챙긴 채, 양말 한 짝에 반죽 묻은 앞치마 차림으로 골목을 내달렸다.

그날 밤. 페터의 제보로 지하 터널이 조기 발견되었고, 오스만 제국의 기습은 실패로 돌아갔다. 빈 성은 무너지지 않았고, 유럽의 심장은 살아남았다.

며칠 뒤, 폴란드-합스부르크 연합군이 마침내 빈을 구원했다. 요한 3세 소비에스키의 기병대가 돌격하자, 오스만군은 허둥지둥 후퇴했다. 불안과 연기로 가득 찼던 도시는 마침내 숨을 돌렸다. 그날 저녁, 페터는 전장을 돌아보고 돌아오는 장군의 앞에 섰다.

"우리가 이겼습니다. 하지만… 어쩌면 그대의 반죽 소리가 전쟁을 바꾼 첫 시작이었소."

장군은 미소 지으며 페터의 손을 잡았다. 황제는 그에게 '제과 조합의 칭호와 특권'을 하사했다. 그러자 페터는 조용히 고개를 숙이며, 하나의 빵을 내밀었다. 겹겹이 접어 올린 결 사이로 버터 향이 퍼지고, 겉은 황금빛으로 바싹하게 구운 빵. 모양은 다름 아닌, 오스만 제국의 초승달 문양이었다.

"이제 우리는 매일 아침, 이 빵을 씹으며 기억할 겁니다."

그가 말했다.

"두려움의 상징이, 기쁨의 아침으로 바뀐 날을. 바삭하게 무너진 침략의 상징을."

그 빵은 곧 빈 시내를 넘어 프라하, 베를린, 그리고 파리로 퍼져나갔고, 프랑스인들은 그것을 '크로아상(Croissant)', 즉 '초승달'이라 불렀다.

폴란드에서 벌어진 '괴물 소동'- 알고 보니 바삭한 한 조각

2021년, 폴란드 크라쿠프의 한 주민이 동물구조단체에 다급히 전화를 걸었습니다. 창밖 나뭇가지에 무언가 갈색 괴물이 매달려 있고, 사흘째 꼼짝도 하지 않는다는 것이었습니다. 사람들은 그것이 이구

아나, 혹은 박쥐일지도 모른다고 추측했지만 출동한 구조대는 정체를 확인한 뒤 웃음을 터뜨릴 수밖에 없었습니다. 그 정체는 다름 아닌, 말라붙은 크로아상 한 조각이었습니다. 바람에 날려 나무에 걸린 것이
었죠. 구조대는 이후 SNS를 통해 이렇게 밝혔습니다.

"그건 위험한 동물도, 외계 생물도 아닌 그냥 빵이었습니다."

프랑스를 강타한 '괴물 크로아상' 열풍

한 손으로 들기엔 무겁고, 입 하나로 덤비기엔 벅차다. 프랑스에서 초대형 크로아상 열풍이 불고 있다. 무게는 1킬로그램, 가격은 32유로. 그 빵은 더 이상 '간식'이 아니라, 하루 한 끼 분량의 바삭한 조각 예술이다. 이 대 열풍의 선두에 선 인물은 프랑스의 유명 파티시에 필리프 콘티시니(Philippe Conticini). 그는 파리 제8구의 자택 겸 제과점에서, 지금까지 보지 못한 비율과 질감의 크로아상을 개발해

내며 매일 수십 개의 XXL 크로아상을 구워낸다.

셀레나 고메즈, 파리에서 크루아상과 함께한 화보 같은 순간

2024년 2월, 셀레나 고메즈는 약 40시간 동안 파리를 방문하며 자신의 인스타그램에 여행과 근황을 담은 사진을 게시했습니다. 에

펠탑 앞 스타일 샷부터 커피와 함께 크고 풍성한 크루아상을 우아하게 즐기는 모습까지 사진에 담았다. 특히 마지막 사진에서는 크루아상을 커피에 찍어 먹는 장면이 가장 인상 깊었다.

셀레나 고메즈는 미국 출신의 다재다능한 엔터테이너, 뮤지션, 배우, 그리고 사업가이다. 텍사스 출신으로 어린 시절 디즈니 프로그램을 통해 데뷔했으며, 현재는 전 세계에 큰 영향력을 가진 스타이다.

일본 만화, 따끈따끈 베이커리

일본 만화 《따끈따끈 베이커리》(Yakitate!! Japan)는 하시모토 타카시가 원작을 쓰고, 아즈마 타카요키가 그림을 맡아 2002년부터 2007년까지 주간 소년 선데이에 연재된 작품이다. 이후 2004년부터 2006년까지 총 69화로 애니메이션이 제작되었으며, 한국에서는 2000년대 중후반 투니버스를 통해 방영되어 큰 인기를 끌었다.

'일본 고유의 빵, 재팬(Japan)을 만들겠다'라는 목표를 가진 주인공 아즈마 카즈마가 각종 빵 대회에 도전하면서 벌어지는 이야기로, 실제 제빵 지식과 과장된 코믹 리액션이 절묘하게 결합한 요리 배틀 만화다. 크루아상, 멜론 빵, 찹쌀 빵 등 다양한 빵이 등장할 때마다, 그 맛을 본 인물들이 환각에 빠지거나 시

간을 초월하는 연출이 펼쳐지는 것이 특징이며, 빵 하나에도 추억과 정성이 담겨 있다는 메시지를 유쾌하게 전달한다.

이 만화에서 펼쳐지는 크로아상 대결은 이 작품의 백미 중 하나로, 단순한 제빵 기술의 겨룸을 넘어 '정성', '감정', 그리고 '환상'의 층을 쌓아 올리는 장면이다.

프랑스 빵 챌린지에서 주인공 아즈마 카즈마는 정통 크로아상의 대가, 프랑스 대표 선수 '피에르'와 맞붙게 된다. 피에르는 729겹에 달하는 완벽한 층을 만들며 정통 발효와 버터 배합의 우아함을 과시한다. 그의 크로아상은 대칭과 밀도, 식감 모두에서 흠잡을 데가 없고, 심사위원들조차 감탄을 금치 못한다.

하지만 아즈마는 남다른 방식으로 대결에 임한다. 그는 '일본의 햇살'을 이용한 발효 시스템을 가동하며, 속은 촉촉하고 겉은 바삭한 '햇살 크로아상'을 완성한다. 여기에 담긴 건 고향의 정취와 할머니의 손맛, 그리고 누군가를 위한 따뜻한 마음이다.

심사위원이 아즈마의 크로아상을 한입 베어 문 순간, 만화 특유의 황당하면서도 감성적인 환상 장면이 펼쳐진다. 그는 루브르 박물관 한복판에 떨어지며, 눈앞에서 버터가 녹는 춤을 추는 마리 앙투아네

트의 환영을 본다.

"이건…. 바삭함 속에 담긴 프랑스와 일본의 화해다!"라는 심사평이 이어지고, 카즈마는 감격 속에 눈물을 흘린다.

이 대결은 결국 '기술의 우위'보다도, 음식에 담긴 감정과 기억의 힘이 더 큰 울림을 줄 수 있다는 메시지를 전한다.

3. 왕비의 이름을 딴 피자

– 마르게리타 피자

1889년, 이탈리아 나폴리. 오페라처럼 시작되는 아침.

"아콰! 프레스카~!"

물장수가 골목을 울리고, 화덕 문을 발로 찬 빵집 아줌마 로잘리아는 남편에게 소리친다.

"넌 반죽보다도 질척거린다, 알폰소!"

그 한가운데, 피자 가게 '브란디 피자리아'는 온통 밀가루 먼지와 시끌벅적한 사람들로 가득 차 있었다. 주방 도제 조반니는 항상 밀가루 범벅.

"선생님! 반죽 또 넘쳤어요!! 거의 유령이에요!!"

주방장 에스포지토는 진지한 얼굴로 대답했다.

"넘쳐야 제맛이지… 반죽은 숨을 쉬는 생명체야."

그 말을 들은 순간 '주방 요정' 마르첼로가 튀어나왔다. 언제나 타이밍 기막힌 소리꾼이었다.

"생명체면… 그럼 방금 내 코털에 붙은 건 누구지요? 루카인가요,

아니면 안토니오인가요?"

빨간 모자의 단골 꼬마 손님 루치아는 말했다.

"그럼 이 친구 이름은 루카! 뚱뚱한 건 안토니오!"

그 말에 뚱뚱한 화덕 지기 나뽈레오네 아저씨는 웃음을 터뜨렸다.

"나도 반죽처럼 숙성된 남자야. 20년째 저온 숙성 중이지."

이날 브란디 피자리아는 한층 더 정신없었다.

"모두 집중! 중요한 소식이야!"

조반니가 주걱을 흔든다.

"마르게리타 왕비 전하가 오늘 점심에 오신대요!"

순간 정적. 화덕의 장작 타는 소리만 '타닥타닥' 울렸다. 그때 조용히 입을 뗀 설거지 담당 할머니 '콘체타'.

"왕비가 오면 뭐하지? 접시도 왕관 씌워줘야 해?"

에스포지토는 손을 씻으며 결의에 찬 소리로 말했다.

"이탈리아 국기 색을 담는다. 초록, 하양, 빨강. 바질, 모차렐라, 토마토를 준비해."

하지만 그때,

"바질이 떨어졌어요!!!"

조반니는 무릎을 꿇고 울며 말했다. 그 순간, 루치아가 외친다.

"제가 뛸게요! 시장까지 15분 컷이에요!"

그녀가 뛰는 동안, 마르첼로는 종이에 "바질 없는 피자 - 적색경보"를 써서 벽에 붙인다.

15분 뒤, 루치아는 바질을 쥔 채 등장.

"이걸로 나폴리를 구하세요."

"오늘부터 너는 '바질 기사'다."

그녀의 이마에, 마르첼로는 토마토소스로 동그라미를 찍어줬다.

"이건 기사 인증 도장."

그리고 마침내, 그날의 브란디 피자리아에서 세계 최초의 마르게리타 피자가 탄생했다. 흰 접시에 조심스레 놓인 그 피자 위에는 붉게 빛나는 토마토소스, 하얗게 녹아 흐르는 모차렐라 치즈, 그리고 방금까지 시장을 질주한 바질의 신선한 초록이 아름답게 얹혀 있었다. 에스포지토는 숨을 크게 들이쉬었다. 그리고 마지막으로 피자 가운데에 이탈리아 국기를 꽂았다.

잠시 후, 주방 문이 열리며 왕비 마르게리타 전하가 등장했다. 그와 함께, 너무 진지한 시종들과 너무 조용한 바이올린 연주자 두 명이 함께였다. 그녀가 의자에 앉고, 은접시에 피자가 놓였다.

왕비는 고개를 숙이며 조용히 말했다.

"이건…?"

에스포지토가 가슴에 손을 얹었다.

"폐하를 위해 만든, 나폴리의 맛입니다. 이탈리아 국기의 색, 그리고 백성의 마음."

왕비는 조심스레 피자 한 조각을 들어 올렸다.

치즈가 부드럽게 늘어나며, 바질 잎이 가볍게 흔들렸다.

한 입, 살짝 베어 문 순간.

툭.

가운데 꽂아둔 국기가 옆으로 쓰러지며, 치즈 속으로 퐁당 빠졌다.

"어머!"

시종은 황급히 손수건을 꺼냈고, 바이올린 연주자는 놀라서 그만 《오 솔레 미오》 중간 대목을 연주해버렸다. 마르첼로는 외쳤다.

"국기가 치즈 목욕 중입니다, 폐하!"

왕비는 미간을 찌푸리다 이내 미소 지었다.

"나폴리의 햇살이 퍼지는군요."

에스포지토는 무릎을 꿇으며, 쓰러진 국기를 다시 세우고 말했다.
"폐하를 기리며 이 피자의 이름을 마르게리타 피자로 부르겠습니다."
잠시, 정적이 흘렀다. 그러다 왕비는 고개를 끄덕이며 중얼거렸다.
"마르게리타… 이름도, 맛도… 잊히지 않겠군요."

그 순간, 연주자가 분위기를 되살리듯 다시 활을 들었다. 이번엔 제대로 된 《오 솔레 미오》의 시작. 피자리아 안에 햇살 같은 멜로디가 흐르기 시작했다. 밖에선 비둘기들이 날아올랐고, 화덕의 연기는 조용히 하늘로 올라가 토마토와 치즈, 바질의 향을 나폴리 전역에 퍼뜨렸다.

그리고 그날 이후, 그 단순한 피자는 단순한 음식이 아닌 한 도시, 한 여왕, 한 계절의 기억으로 남게 되었다.

세계에서 가장 비싼 피자, 그 이름은 'Louis XIII'

이탈리아 살레르노 출신의 셰프 레나토 비올라(Renato Viola)가 만든 'Louis XIII Very Expensive Pizza'는 현재까지 세계에서 가장 비싼 피자로 공식 인정받고 있다. 가격은 무려 8,300유로에 달한다.

Louis XIII 피자는 이름부터가 루이 13세 왕실의 품격을 상징하며, 그에 걸맞은 초호화 재료들이 사용된다. 이 피자에는 세 종류의  최고급 품종의 캐비어와 노르웨이산 랍스터와 카리브해 산 새우, 이탈리아 남부에서 엄선된 물소 우유로 만든 최고급 모차렐라 치즈, 섬세한 미네랄과 감칠맛을 더해주는 천연 핑크빛 결정의 호주 Murray River 핑크 소금, 7가지 이상의 치즈 블렌드 등이 사용된다.

피자 한 판으로 도시를 배 불리다
- 세계에서 가장 큰 피자의 이야기

2023년 1월, 미국 로스앤젤레스 컨벤션 센터 한복판에선 보기 드문 장면이 펼쳐졌다. 바닥 전체를 가득 채운 것은 탁구대도, 무대도 아닌 바로 하나의 초대형 피자였다. 누군가는 농담처럼 "도시 한 블럭을 덮은 것 같다"라고 했고, 또 누군가는 "이건 피자가 아니라 풍경"이라고 말했다.

이 거대한 피자는 단순한 장난이 아니었다. 유튜브 스타 에어랙(Airrack)과 글로벌 피자 브랜드 피자헛(Pizza Hut)이 손잡고 도전한 세계에서 가장 큰 피자  프로젝트였다. 목표는 단순했다. 세계 기록을 깨는 것. 하지만 그 안에는 피자에 대한 사랑, 기네스를 향한 열정, 그리고 수만 명을 배불릴 수 있다는 꿈이 담겨 있었다.

완성된 피자의 총면적은 약 1,297㎡. 이는 웬만한 농구장보다 넓은 수준이며, 지름으로 환산하면 약 40m에 이른다. 일반 피자처럼 조각으로 나누자면 약 68,000조각. 쉽게 말해 8,500판에 달하는 양이다. 이 피자 하나면 작은 마을 전체가 점심을 해결할 수 있다.

제작 방식도 상상을 초월했다. 수천 장의 도우가 퍼즐처럼 연결되고, 위에 토마토소스와 치즈, 페퍼로니가 얹혔다. 조리는 전용 이동식 오븐 장비를 이용해 하나하나 직접 구워내는 방식으로 이루어졌다. 단순히 크기만이 아니라, 맛까지 보장된 피자였던 셈이다.

놀라운 건 여기서 끝이 아니다. 이 거대한 피자는 단 한 조각도 버려지지 않았다. 완성 직후, 68,000조각 전량이 지역 푸드뱅크와 자선단체에 기부되었다. 기록을 세우기 위한 퍼포먼스가 아니라, 실질적인 나눔의 행사가 된 것이다.

기네스 세계 기록 공식 사이트는 이 도전을 정식 인증하며 "이전까지의 기록(2012년, 이탈리아 로마 1,261㎡)을 뛰어넘은 가장 거대한 피자"라고 발표했다. 피자의 크기만큼이나, 그 정신 또한 깊고 넓었다. 에어랙은 인터뷰에서 이렇게 말했다.

"단순히 '큰 피자'를 만드는 게 아니라, 세상에서 가장 많은 사람을 웃게 만드는 피자를 만들고 싶었습니다."

피자의 역사

우리가 오늘날 '피자'라 부르는 음식은 사실 수천 년 동안 인류의 식탁 위에서 이름과 형식을 바꿔가며 살아남은 전통의 연속이었다. 기원전 6세기, 페르시아 병사들이 전투 방패 위에 치즈와 대추야자를 얹어 구운 납작 빵은 그 원형의 하나였고, 고대 그리스의 시민들은

'플라쿠스(πλακοῦς)'라 불리는 빵 위에 허브와 양파, 치즈, 마늘을 뿌려 풍미를 더했다. 로마인들은 밀가루와 꿀, 기름으로 만든 리붐을 신에게 바치는 희생 제물로 사용했고, '모레툼'이라는 허브 치즈 스프레드를 곁들여 먹기도 했다.

로마 빵과 모레툼

중세 후기와 근세 초기, 지중해의 골목골목에선 또 다른 형태의 납작 빵들이 굽혀지고 있었다. 프랑스 남부의 갈레트, 스페인의 코카, 이탈리아 남부의 피아디나 모두 밀가루 반죽 위에 허브, 치즈, 기름, 때로는 무화과나 멸치를 얹은 음식이었다.

이 납작한 빵들은 고상한 식탁이 아닌 거리에서, 시장에서, 어깨에

빵 쟁반을 이고 다니는 노점상들의 손에서 팔렸다. 그중, 나폴리에서는 일부 갈레트가 '피자'라는 이름으로 불리기 시작했다.

갈레트

19세기 나폴리의 골목에서 피자는 여전히 서민의 길거리 음식이었다. 하지만 1830년, Antica Pizzeria Port'Alba의 문이 열리며 피자는 비로소 '식당의 메뉴'라는 자리를 얻는다.

이 시기 피자는 단순히 한 조각으로 허기를 달래는 빵이 아니었다. 치즈, 마늘, 오리가눔, 바질, 프로슈토, 심지어 작은 해산물이 더해지며 '다채로운 미각의 캔버스'로 변모했다. 1843년 알렉상드르 뒤마는 피자의 토핑 세계를 세세히 기록하며, 이 음식이 지중해를 대표하는

풍미의 집합체임을 극찬했다.

20세기 초, 펠레그리노 아르투시(Pellegrino Artusi)의 요리책 《La scienza in cucina e l'arte di mangiar bene》는 피자를 달콤한 페이스트리처럼 다루었지만, 1911년 개정판부터 토마토와 모짜렐라를 기반으로 한 '피자 알라 나폴레타나'가 등장한다.

피자 브랜드의 탄생 – 화덕을 넘어, 세계로

한때 길거리에서 손에 들고 먹던 피자는 이제는 전 세계의 네온 간판 속에서 "PIZZA"라는 로고로 다시 태어났다. 19세기 나폴리에서 태어난 피자가 대중의 사랑을 받으며 성장하던 중, 20세기 중반, 이민자의 나라 미국에서 피자는 새로운 옷을 입는다.

1905년, 뉴욕 리틀 이탈리아의 한 거리. 젠나로 롬바르디(Gennaro

피자 가게 "Lombardi's"

Lombardi)는 미국 최초로 정식 허가를 받은 피자 가게 Lombardi's를 연다. 화덕에서 피자를 꺼내는 그의 손은, 여전히 나폴리 장인의 손과 닮아 있었다. 그러나 곧 피자는 달라진다. 도우는 더 커지고, 슬라이스로 잘려 팔리며, '뉴욕 스타일 피자'가 태어났다.

1958년, 미국 캔자스주 위치타에서 두 형제, 댄과 프랭크 카니가 작은 피자 가게를 연다. 그 이름은 피자헛(Pizza Hut). '작은 오두막'이라는 뜻의 그곳은, 정겨운 이름과 신속한 서비스로 곧 전국적으로 퍼지며 '첫 번째 글로벌 피자 브랜드'가 되었다. 그들의 혁신은 단순한 맛이 아니었다. 배달, 전화 주문, 그리고 로고와 유니폼. 피자는 단순한 음식이 아닌, 브랜드가 되었다.

(최초의 피자헛 가게)

4. 광해군을 홀린 잡다한 채소 요리

- 잡채

광해군 재위 10년, 겨울. 창덕궁 뜰에는 눈이 소복이 내렸고, 수라간은 아수라장이었다.

"폐하께서… 사흘째 수라를 거부하십니다아아!!"

"마지막으로 드신 게 동치미 국물 두 모금이라 하옵니다!"

"입맛이 없으시다며 밥상을 발로 차셨다 하옵니다아!!!"

수라간 나인 셋이 동시에 울고, 장금 상궁은 진지하게 기도에 돌입했다.

"이대로면 폐하가 말라비틀어지십니다…!"

그 시각, 광해군은 창밖의 눈을 바라보며 중얼거렸다.

"겨울엔 왜… 맛있는 게 없느냐… 눈 말고…"

그러자 옆에서 졸고 있던 내관 복동이가 화들짝 일어나 외쳤다.

"전하아!!"

"…왜 소리를 지르느냐, 놀랐잖느냐."

"좋은 소식이 옵니다! 호조의 이충이라는 자가, 겨울에도 채소를 기른다고 하옵니다!"

"겨울에? 채소를?"

"예! 그것도 살아있는 것들이옵니다! 비닐하우스도 없고 스마트 팜도 없는데도 말입니다!"

광해군은 눈을 가늘게 떴다.

"대체 뭘 길렀다는 것이냐? 얼어 죽은 나물 말고…"

복동이는 손가락을 하나씩 접으며 외쳤다.

"파! 상추! 심지어… 오이까지 있답니다!"

"오이…? 이 추위에 오이를? 너 지금, 내 귀에 농을 거느냐?"

"진짜랍니다! 신이 듣기로는 그자가 땅을 파서 방을 만들고, 그 안에 장작불을 지펴, '비밀의 채소 굴'을 운영하고 있다 하옵니다!"

광해군은 눈썹을 씰룩이며 입꼬리를 말았다.

"채소 굴…? 그것이 사실이라면, 당장 데려오라! 그자, 이 겨울 궁궐을 구할 채소 신선이로다!"

이충은 갑자기 끌려가듯 궁으로 불려왔다.

"호조의 이충이냐!"

"네, 전하… 이충, 충성을 다하겠사옵니다…"

"채소를 기른다며?"

"예, 전하. 저의 비밀의 채소 굴에서 키운 것들이옵니다."

광해군의 눈썹이 파르르 떨렸다.

"어디에서 키웠다고?"

"땅을 파서 만든 방입니다. 그 안에 장작을 피워 따뜻하게 하고, 햇빛은 위 천장에 기름 먹인 종이를 덧댄 틈 사이로 슬며시 들여보냈습니다. 뭐랄까, 빛이 약간 흐리긴 해도, 채소엔 그게 또 그윽하답니다."

광해군은 벌떡 일어났다.

"이런 자를 지금까지 그냥 두었다니! 나라의 보배로다!"

곧이어 이충은 주방으로 소환되었고, 수라간 나인들은 낯선 남자의 등장을 경계하며 속삭였다.

"저기… 남자분… 요리를 하신다 하옵니까?"

"응. 내가 만든 음식, 왕이 잡수시면 나는 우의정 되는 거야."

"어머, 저분 무슨 자신감이…"

이충은 장작불에 솥뚜껑을 얹었다. 채소를 한 아름 썰고, 기름을 두르고, 고기를 넣고, 뽀글뽀글 볶으며 참기름 한 방울 톡. 마지막으로 정성껏 무쳐 낸 후, 은쟁반 위에 한 접시. 색은 다섯 가지. 향은

풍성하고. 그 위에 참깨가 눈처럼 소복이 흩뿌려졌다.

광해군 앞에 놓인 그릇을 바라보며, 복동이는 조용히 말했다.

"전하, 이것이 그… '이충의 잡다한 채소 요리'라 하옵니다. 줄여서… '잡채'라고 부른답니다."

광해군은 젓가락을 들고 한 젓가락. 입안에 쏙 넣자마자 눈을 감았다.

"…으흠."

수라간 나인들이 숨을 죽였고, 복동이는 기도를 시작했다. 이충은 식은땀을 줄줄 흘렸다. 그리고 광해군, 두 눈을 번쩍 뜨고 외쳤다.

"이것은! 단순한 채소가 아니다! 이건 채소로 만든 기분전환용 교향곡이다!! 이충!!"

"예! 전하!"

"너는 오늘부로, 잡채 판서다!"

"예! …예!"

그리고 역사에 남았다. 그날 이후, 조선에는 잡채가 있는 겨울이

생겼고,

백성들은 오색찬란한 그것을 '잡채 판서가 만든 음식'이라 불렀다.

고구마 전분이 만든 투명한 혁신, '당면'의 역사

광해군 때 처음 등장한 잡채에는 당면이 들어있지 않았다. 당시 조선에는 당면이 없었기 때문이다. 당면의 뿌리는 중국으로 거슬러 올라간다. '당면(唐麵)'이라는 명칭 자체가 '중국(唐)에서 온 면'이라는 뜻을 담고 있다.

기원전부터 중국에서는 녹두 전분을 이용한 얇은 면, 즉 '분사(粉絲)'가 만들어졌으며, 이는 주로 국물 요리나 찜 요리에 사용되었다. 이 면은 끓는 물에 넣어도 쉽게 풀어지지 않고, 식감이 부드러우면서도 특유의 투명함을 지닌 것이 특징이다.

한국에서 당면이 본격적으로 정착한 계기는 고구마의 도입과 관련이 깊다. 조선 영조~정조 시기 (18세기 중반), 제주도를

통해 전해 내려온 고구마는 구황작물로 주목받았으며, 이후 고구마 전분 생산 기술이 발달하게 된다. 고구마 전분은 녹말 입자가 단단하고 쫀득해 당면 제조에 적합했고, 조선식 고구마 당면이 개발되면서 기존의 중국식 분사와는 또 다른 독자적인 식문화가 형성되었다.

'K-잡채', 세계인의 입맛을 사로잡다

한때 명절 음식의 단골 반찬이자 잔칫날에나 등장하던 '잡채'가 이제는 세계 각국의 식탁 위에 오르고 있다. 미국, 일본, 동남아 등지에서 'K-잡채'라는 이름으로 한류 식문화의 대표주자로 떠오르고 있다.

잡채의 세계 진출을 이끈 것은 한식 밀키트 시장의 성장이다. 현재 미국의 Costco와 Amazon 등 주요 유통 채널에서는 'Korean Glass Noodle Stir-Fry' 혹은 Bibigo Japchae라는 이름의 밀키트 제품이 활발히 판매되고 있다. 이들 제품은 냉동 혹은 간편 조리 형태로 구성돼 있으며, "쫄깃한 면발과 달달한 양념이 조화를 이룬다", "비건도 즐길 수 있는 K-요리"라는 평가를 받고 있다.

국가별로 잡채는 다양한 이름으로 소개되고 있다. 미국에서는 주로 Glass Noodle Stir-Fry 혹은 Sweet Potato Noodles로 소개되며, 식이 섬유가 풍부하고 글루텐이 없는 건강식으로 주목받고 있다. 일본에서

는 チャプチェ(Chāpuche)라는 외래어 표기 형태로 불리며, 대형마트에서 '한국풍 볶음면 키트'로 판매된다. 동남아시아에서는 'Korean Sweet Potato Noodle Dish' 또는 'K-style Stir-fry'로 표기된다.

겨울에서 시작된 여름의 별미, '냉면'의 역사

한국을 대표하는 여름 음식 중 하나인 냉면은 그 시원한 맛과 달리, 추운 겨울에 탄생한 음식이다. 오늘날에는 한여름 별미로 주목받고 있지만, 본래 냉면은 조선 후기 북부 지방에서 겨울에 즐기던 계절 음식이었다. 이 차가운 면 요리는 오랜 세월을 거치며 남한 전역으로 퍼졌고, 이제는 세계 각국에서도 주목받는 한식 대표 메뉴로 자리매김하고 있다.

냉면의 기원은 평안도와 함경도 지역으로 거슬러 올라간다. 1849년에 간행된 『동국세시기(東國歲時記)』에는 겨울철에 찬 육수에 말아 먹는 국수, 즉 냉면에 대한 언급이 등장한다. 이 기록에 따르면, 추운 계절에 동치미 국물이나 육수를 차게 식혀 메밀국수를 말아 먹는 풍습이 북부 지방에 존재했고, 특히 평양 지역에서는 동짓달 즈음 얼음장 아래에서 국수를 띄워 먹는 풍경이 일반적이었다고 전해진다.

냉면의 주재료는 메밀이다. 메밀은 척박한 북부 지역의 기후에서도 잘 자라는 곡물로, 서민들이 쉽게 구할 수 있는 재료였다. 그 때문에 냉면은 귀족들의 별식이라기보다는 생활의 지혜가 담긴 서민 음식으로 출발했다. 차가운 국물과 거친 면발은 혹독한 겨울을 견디는 북방 민중들의 삶을 그대로 반영하고 있었다.

냉면은 지역에 따라 평양냉면과 함흥냉면으로 나뉜다. 평양냉면은 메밀을 주재료로 사용해 부드럽고 담백한 맛이 특징이며, 동치미 국물 또는 쇠고기 육수를 사용한 시원한 육수가 핵심이다. 편육, 오이채, 배, 삶은 달걀 등이 곁들

여겨 그 자체로 한 끼 식사가 된다.

반면, 함흥냉면은 감자나 고구마 전분으로 만든 쫄깃한 면에 매운 양념장을 더해 비벼 먹는 방식이다. 여기에 홍어회나 명태회 등을 곁들이는 경우가 많으며, 매콤한 맛과 쫄깃한 식감으로 별개의 팬층을 형성하고 있다.

냉면이 한반도 전역으로 퍼지게 된 결정적 계기는 한국전쟁이다. 1950년대 초, 북한에서 내려온 실향민들이 서울과 부산 등지에 정착하면서 그들이 가져온 냉면 문화도 함께 전해졌다. 이들 중 일부는 냉면 전문 식당을 열었고, 그 전통은 오늘날까지 이어지고 있다.

5. 다섯 번째 맛

— MSG

　1908년, 도쿄제국대학. 태양이 이글거리는 한여름 오후. 연구실 창문은 활짝 열려 있었고, 낫토 냄새와 매미 울음이 동시에 실내를 침범했다. 그 틈에서 한 남자가 조용히 서 있었다. 흰 실험 가운을 입고, 안경 너머로 유리 비커 속 국물을 응시하던 그는 이케다 기쿠나에, 화학자이자 물리학자, 그리고 사람들이 몰랐던 맛의 탐험가였다.

　"이 맛은… 어디에도 속하지 않아."

　그의 목소리는 낮았지만, 확신에 찬 불안감이 실려 있었다.

　"단맛도, 짠맛도, 쓴맛도, 신맛도 아니야. 그런데 왜 혀는 이걸 좋아하지?"

　그의 눈앞, 비커 안에서는 다시마를 우린 국물이 자글자글 끓고 있었다.

　어떤 성분도 넘치지 않지만, 혀가 자꾸 기억하는 그 맛. 그 맛의 정체를 알기 위해 그는 몇 달째 실험 중이었다. 그러나 그 이전엔 수많은 실패가 있었다.

첫 번째 실패는 된장국이었다. 이케다는 된장을 물에 풀고 증류하여 그 농축액을 맛보았다. 결과는 명확했다. 지독하게 짰다. 입이 얼얼해질 정도였다.

"혀가 맛을 기억하기 전에, 혓바닥이 마비되겠군…"

조수 다케다가 물을 들이켜며 중얼거렸다.

"교수님, 이건… 그냥 소금 덩어리 아닌가요."

두 번째 실패는 표고버섯이었다. 말린 표고를 갈아 물에 우려내고 며칠 동안 버려뒀다. 곧 연구실 안에 무언가 끈적하고 회색인 것이 피어났다.

"이건… 버섯이 아니라 곰팡이 농장입니다…"

이케다는 머리를 싸쥐고 말했다.

"자연의 맛을 분석한다는 건, 자연보다 먼저 썩는 걸 의미하는가…"

세 번째 실패는 가다랑어포였다. 그는 천 번의 정량 분석을 시도했지만, 혀가 말하는 맛은 수치로 표현되지 않았다.

"단백질, 나트륨, 지방산… 다 맞는데, '그 맛'이 빠져 있어."

"그럼 혀가 틀린 겁니까, 수치가 틀린 겁니까?"

"그럴 리가. 혀는 거짓말하지 않아. 뇌는 속여도, 혀는 본능이야."

그의 손은 지쳐 있었고, 그의 눈은 뜨거운 여름처럼 흐려져 있었다.

그러던 어느 날, 점심시간. 도시락 속에 조용히 들어있던 한 장의 다시마. 이케다는 수저를 내려놓고 조수에게 말했다.

"다케다 군, 다시마… 맛있지 않은가?"

다케다는 젓가락을 멈췄다.

"음… 아무 양념도 안 했는데, 감칠맛이 확 오죠."

"그래. 감칠맛. 우리가 이름조차 붙이지 못했던 다섯 번째 맛. 그게 바로 여기 있었던 거야."

그날 밤, 실험실에는 유리 비커가 줄지어 놓였다. 맑은 물과 다시마만이 그 속을 채웠다. 조수는 잠들었고, 이케다 혼자 실험대 앞에 서 있었다. 불꽃 위에 놓인 유리 비커 속에서 다시마는 천천히 색을 내고 있었다. 그는 국물을 증류하고, 농축하고, 결정화시켰다.

그리고 마침내, 무색의, 투명한, 반짝이는 결정 하나가 그의 혀끝에 닿았다. 그는 눈을 감고 중얼거렸다.

"…이거야. 이거였어. 입안 가득 퍼지면서도 부드럽게 사라지는, 그 여운. 단맛도 짠맛도 아닌, 깊이 있는 맛. 혀가 아니라 마음이 기억하는 맛."

그것이 바로 글루탐산나트륨, 훗날 'MSG'라 불릴 감칠맛의 본질이었다.

며칠 후, 이케다는 이 성분에 '맛있고 깊은 맛'이라는 뜻의 '우마미(旨味)'라는 이름을 붙이고, 특허를 신청했다. 그리고 이 발견은 식품회사 아지노모토(味の素)에 전달되어 아지노모토라는 이름으로 출시되었다.

그 작은 결정체는 이후 수천만 식탁 위에 올라, 국물에서, 볶음에서, 소스 속에서 말없이 존재하며, 사람들의 식사에 "기억되는 맛"을 남겼다. 이케다는 과학자였다. 하지만 그날 이후, 그는 누군가에게는 '혀의 작곡가', 누군가에게는 '입맛의 해방자'라 불렸다.

그리고 그가 찾아낸 그 여운의 이름 우마미. 그것은 단지 맛이 아니었다. 삶이 허전할 때 떠오르는 그리움, 한입 베어 물면 다시 돌아가고 싶은 어떤 순간, 그 모든 걸 감싸 안는, 말 없는 마지막 조율이었다.

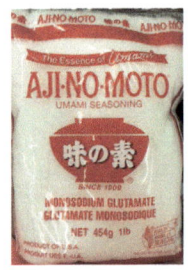

'중식 레스토랑 증후군'이 남긴 오해와 진실

1968년, 미국의 유명 의학 저널 뉴잉글랜드 의학저널(NEJM)에 실린 한 짧은 편지가 세상의 식탁을 뒤흔들기 시작했다. 중국계 미국인 의사 로버트 호 만 쾩(Robert Ho Man Kwok)은 편지로 이렇게 말했다. 자신이 미국 내 중국 음식점에서 식사한 후, 두통, 마비감, 심장 두근거림 등의 증상을 경험했다는 것이다. 그는 해당 증상의 원인 중 하나로 글루탐산나트륨(MSG)을 지목했고, 이 주장은 곧바로 대중과 언론의 관심을 끌었다. 이 편지 이후, 사람들은 중국 음식에 포함된 조미료에 의문을 품기 시작했고, '중식 레스토랑 증후군(Chinese Restaurant Syndrome)'이라는 용어까지 생겨났다.

미국 내에서는 곧 다양한 루머가 퍼졌다. "MSG는 뇌에 해롭다.", "MSG는 알레르기 반응을 일으킨다.", "MSG는 비만을 유발한다."라는 식의 주장이 이어졌다. 이를 계기로 'No MSG', 'MSG Free'라는 문구는 식품업계에서 일종의 '건강 마케팅 수단'이 되었다. 중식당은 물론, 한국·일본·태국 음식점까지 영향권에 들었고, 한동안 MSG는 '맛을 내는 화학물질'이라는 부정적 이미지를 지닌 채 사회적 낙인을 감당해야 했다.

수십 년간의 과학적 재검증, 그리고 진실

글루탐산나트륨(MSG)은 오랫동안 '감칠맛을 내는 조미료'로 세계인의 식탁에 자리해왔다. 그러나 동시에 건강에 악영향을 준다는 부정적 이미지도 함께 따라붙으며 논란의 중심에 섰던 성분이기도 하다.

하지만 최근 20여 년간 진행된 광범위한 과학적 연구와 국제기구들의 재검토 결과는 이 오래된 오해에 대해 명확한 입장을 제시하고 있다.

"MSG는 안전하다." – 과학계의 결론

미국 식품의약처(FDA), 세계보건기구(WHO), 유럽식품안전청(EFSA), UN 식량농업기구(FAO) 등 주요 국제기관들은 MSG를 '일반적으로 안전한 성분(GRAS: Generally Recognized As Safe)'으로 분류하고 있다.

FDA는 "정상적인 식사에 포함된 수준의 MSG는 건강한 사람에게 해를 끼치지 않는다"라고 명확히 밝혔다.

WHO와 FAO 역시 1987년 공동 발표를 통해 "적절히 사용되는 MSG는 인체 건강에 유해하지 않다"라는 견해를 공식화했다. 미국 펜실베이니아대학 병원 시스템(UPMC) 산하의 자료에 따르면, MSG에 대한 불안감은 과학보다 심리적 선입견과 문화적 편견에서 비롯된 경우가 많다.

국내 최초의 MSG 제품 - '미원'

1956년, 전쟁의 상흔이 채 가시지 않은 부산. 가난하고 허기졌던 시대, 소금 한 줌에 국을 끓이고 멸치 몇 마리로 찌개를 버티던 그 시절. 그때, 사람들은 몰랐다. 그들의 밥상 위에 곧 "맛의 혁명"이 일어날 것을. 바로 국내 최초의 조미료 '미원'이 세상에 모습을 드러낸 것이다.

'미원'은 지금으로부터 약 70년 전, 한 젊은 화학자이자 기업가였던 임대홍이 설립한 동아화성공업(현 대상㈜)에서 처음 개발되었다.

일본에서 화학을 공부하던 중
'MSG(글루탐산나트륨)'라는
감칠맛 물질의 존재를 알게 된
그는, 이 기술을 독자적으로 개
발하여 국산화할 수 있으리라
판단했다. 그리하여 1956년,
부산에서 소규모로 처음 생산된 미원은 한국 최초의 MSG 조미료로
기록되게 된다. '미원'이라는 이름은 '맛의 근원(味元)'에서 따온 것
으로, 당시 소비자들에게는 생소했던 하얀 결정형 조미료에 신뢰를
부여한 브랜드 네이밍이었다.

6. 팬 하나로 세상을 끓이다

– 파에야

19세기 중반, 스페인 발렌시아 알부페라 늪지. 눈 부신 햇살이 논을 태우고, 허기진 농부들의 배는 북처럼 울리고 있었다.

"오늘 점심은 뭐 먹지?"

마르코스가 이마의 땀을 닦으며 배를 두드렸다. 그는 늘 '입보다 배가 먼저 말하는 사내'라 불렸다. 배고플 땐 시도 때도 없이 요리 이야기를 꺼내곤 했다. 그 옆에서 도냐 피카가 땀을 훔치며 고개를 들었다. 무뚝뚝하지만 눈빛만으로 레시피를 설명하는 요리사, 입맛은 왕족 수준, 성격은 후추보다 톡 쏘는 여자였다.

"쌀이 있으니 밥은 해야겠지."

도냐 피카가 낮게 말했다. 그녀는 언제나 그랬다. 그녀는 '밥 없는 점심은 거의 범죄다'라는 신념을 가진 여자였다.

"근데 그냥 밥은 재미없잖아?"

마르코스가 뱃속을 두드리며 투덜거렸다.

"고기라도 넣을까?"

그 말에 피카는 한 치 망설임도 없이 쏘아붙였다.

"어제 토끼랑 닭 다 잡아먹었잖아!"

마르코스는 말끝을 흐리며 낙담한 표정으로 고개를 푹 숙였다. 그의 뱃속은 여전히 웅크리고 있었고, 오늘도 쌀밥 한 그릇으론 부족할 것 같았다.

바로 그때, 늪지 쪽에서 수조 바가지가 쿵쿵 굴러가는 듯한 소리가 들렸다. 그리고 그 소리보다 반 박자 빠르게, 소년 '페페'가 흙탕물을 튀기며 뛰쳐나왔다.

"이거 보세요! 새우랑 조개 잡았어요!"

페페는 마을의 비공식 해산물 조달 담당이었다. 아직 다 자라지도 않은 몸으로, 바다에 절반쯤 담긴 채 살아가는 바다 아이. 그의 손에는 작고 생생한 바다 생명체들이 펄떡이며 바람을 가르고 있었다. 도냐 피카의 눈빛이 번쩍였다. 고요하던 눈이 바람처럼 반짝이고 있었다.

"좋아. 오늘은 바다와 논의 만남이야."

그녀는 솥을 걸고, 올리브유를 넉넉히 두른 뒤 다진 마늘과 토마토, 그리고 콩을 볶기 시작했다. 그 위에 쌀을 '쫘르륵' 쏟아붓는 순간이었다.

"잠깐만! 잠깐만!"

마을의 수다쟁이 노인, 도노 도밍고가 손을 번쩍 들었다.

"내가 밥 짓는 거 본 지 60년이 넘었지만… 이런 색깔은 처음이오! 노란 밥이라니… 이건 황금 밥이오!"

도냐 피카는 들고 있던 국자를 도노 쪽으로 천천히 겨누듯 들며 눈을 가늘게 떴다.

"쉿. 황금이 아니라 사프란이오. 아주 귀한 향신료지. 프랑스 귀족도 숟가락 들고 줄 선다는 전설이 있을 정도니까."

도밍고가 능청스러운 얼굴로 코를 킁킁거리며 되물었다.

"그럼… 혹시 이 향이 돈 냄새인가요…?"

그 말이 떨어지기 무섭게, 콧소리 폭죽 같은 외침이 주방을 강타했다.

"아 앗! 이건 밥이 아니라… 태양이다아아!"

시인 라파엘이었다. 마을 최고의 낭만주의자이자 대표적 코막힘 환자. 그에겐 늘 비유와 콧소리가 함께 따라다녔다.

"이 밥은… 접시 위에 뜬… 태양… 하지만… 쿨럭… 사프란… 조금 자극적이에요…"

"시끄러워! 아직 다 안 됐어."

도냐 피카가 단호하게 잘랐다. 국자를 다시 솥으로 휘저으며, 밥보다 말을 먼저 끓이는 사람들 사이에서 오늘도 그녀의 요리는 제시간에 완성될 예정이었다.

"페페! 포크 내려놔!"

도냐 피카가 소리쳤다.

"배고파요! 언제 돼요!"

페페는 손에 포크를 든 채 팔짱을 꼈다. 조개껍데기 하나 집어 들면 뚝딱 씹어먹을 기세였다.

"소카랏(Socarrat)을 기다려야지."

피카는 솥을 살짝 기울이며 바닥을 들여다보았다.

"소카랏?"

페페가 눈을 동그랗게 뜨며 물었다.

"솥 바닥에 살짝 눌어붙은,

천상의 누룽지. 그걸로 요리의 품격이 결정되는 거야."

그 순간, 도노 도밍고가 두 손으로 무릎을 '딱!' 치며 외쳤다.

"이 요리엔 이름이 필요하오! 이렇게 아름답고, 바다 내음 가득하고, 누룩지는 밥을… 뭐라 부르지?"

기침하던 시인 라파엘이 손을 번쩍 들었다.

콧소리보다 진지한 목소리로 말했다.

"바로 이 팬! 저 넓고 얕은, 네 다리 달린 요리 팬 이름이 뭐죠?"

"파에야(paella). 발렌시아어로 팬이라는 뜻이지."

피카가 말했다.

"그렇다면 정했소!"

라파엘의 눈동자가 반짝였다.

"이 밥의 이름은… 파에야! 모든 것이 이 팬에서 시작됐으니까!"

그러자 도노 도밍고가 한술 더 뜨듯 덧붙였다.

"그럼 우린 파에야 팬클럽이구먼!"

순간, 마을 전체가 솥뚜껑처럼 들썩이며 박장대소했다.

바람엔 조개 냄새가, 솥 안엔 바다와 논의 풍경이 천천히 눌어붙고 있었다.

80세 예술가 테레사 로이그, 세계를 감동하게 한 '파에야 화가'

스페인 발렌시아 주 알지넷(Alginet) 출신의 테레사 로이그는 전통 발렌시아식 파에야를 단순한 음식이 아닌 예술의 매체로 변모시켰다. 그녀는 볶은 쌀 위에 사람의 얼굴, 자연 풍경, 역사적 상징 등을 그리며, 관객이 먹을 수 있는 작품을 만든다.

테레사는 54세에 미대에 입학해 1990년대 초, 생계를 꾸리며 그림을 배우기 시작했다. 한 번은 가족을 위해 파에야를 만들다가 떠올랐다.

"왜 밥 위에 그림을 그리지 않지?"

라며 초상화 자화상을 쌀 위에 그리기 시작했다. 그 첫 작품은 찰진 밥 위에 찰리 채플린의 얼굴이었다.

테레사의 '파에야 아트'는 발렌시아를 넘어 파리 아트페어, 마이애미 문화페스티벌, 스페인 국내 푸드아트 페어 등에서도 큰 반향을 일으켰다. 그녀의 대표작 중 하나는 검은 홍합 껍데기와 붉은 피망을 이용해 스페인 화가 소로야의 해변 풍경을 표현한 작품이다.

스페인 발렌시아, '가장 큰 파에야'로 기네스북 기록 경신

1992년, 스페인 발렌시아에서 열린 한 지역 축제에서 세계는 눈을 의심했다. 직경 20미터, 총 중량 약 30톤, 무려 100,000인 분의 파에야가 거대한 철판 위에서 지글지글 익고 있었기 때문이다. 이 기록은 "세계에서 가장 큰 파에야"로 기네스 세계 기록에 공식 등재되었으며, 기록의 주인공은 바로 안토니오 갈비스(Antonio Galbis)와 그의 초대형 요리 전문팀 'Galbis Paellas Gigantes'였다.

기록 당시 사용된 재료는 쌀 6,000kg, 닭고기 1,100kg, 토끼고기 600kg, 녹두·완두콩 1,000kg, 올리브유 300L, 물 12,000L, 사프란, 소금, 로즈마리 등 향신료이고, 특수 제작된 지름 20m 철제 팬이 사용되었다.

7. 국물 한 그릇의 혁명

— 라면

1957년 오사카 이케다 시. 장작불이 꺼져가는 허름한 창고 안. 안도 모모후쿠는 고무줄처럼 늘어진 면발을 내려다보며 한숨을 쉬었다.

"이번엔… 설탕물에 튀겨봤는데도 퍼져버렸군…"

옆에 있던 딸이 말했다.

"아버지, 왜 이렇게까지 하세요?"

"사람들이… 너무 배고파하잖니."

전쟁 직후, 일본은 무너진 나라였고 사람들은 찬 바람 부는 거리에서 국수 한 그릇을 놓고 줄을 서 있었다. 모모후쿠는 그 광경을 잊을 수 없었다.

"언제 어디서든, 뜨거운 물만 있으면, 누구나 금세 먹을 수 있는 국수… 그런 게 있다면…"

그래서 그는 무모한 실험을 시작했다.

그는 정말 별의별 짓을 다 해봤다. 면을 찌고, 말리고, 굽고, 심지어 재우기도 했다. 진짜로. 어느 날 밤, 그는 젖은 면발을 작은 이불에 덮어주며 중얼거렸다.

"푹 자렴… 내일은 좀 쫄깃해지길 바란다."

다음 날 아침. 면은 더 흐물흐물해져 있었다. 잘 자긴 잘 잔 모양이었다.

"이번엔 해조류 국물로 반죽을 해보자."

바닷물에 밀가루 반죽을 풍덩 담갔을 때, 옆 창고에서 작업하던 김말이 장인 '다케다'가 고개를 내밀었다.

"안도 씨, 그거… 김밥도 아니고 왜 바닷물에?"

"미네랄이 풍부하면, 면도 튼튼해지지 않겠어?"

"그럼 내일은 진흙에 담그시지. 미네랄의 제왕이잖아!"

그날 면은 비린내만 진하게 남겼고, 다케다는 떠나며 남겼다.

"면이 아니라 미역 줄기 되는 거 아냐?"

또 어떤 날은, 고양이 밥 근처에 둔 면이 밤새 딱딱하게 굳은 것을 보고

"혹시… 고양이의 입김이 건조 효과를?"

라며 괜히 길고양이 밥자리에 면을 며칠 더 두었다. 하지만 돌아온 건 면 대신 사라진 사료, 그리고 화가 난 고양이의 스크래치 자

국뿐이었다.

그날도 안도 모모후쿠는 실험실 창고에서 말라비틀어진 면발과 씨름하고 있었다. 눈은 충혈됐고, 머리는 밀가루로 희끗희끗했다. 온 방 안엔 고소한 냄새와 실패의 냄새가 뒤섞여 있었다. 그때, 문이 삐걱— 하고 열리며

아내가 고개를 내밀었다.

"여보, 점심은 먹고 해요. 튀김 좀 해왔어요."

그녀는 노릇노릇 잘 익은 튀김 접시를 조심스레 책상 위에 올려두었다.

"고맙소… 그런데 지금은 면발이 더 시급하오…"

안도는 허둥지둥 무언가를 끓이던 냄비를 옮기다

그만!

물잔을 툭—!

쏴아아—!

그 물이 튀김 접시로 철퍼덕 쏟아졌고, 튀김은 물에 첨벙 빠졌다.

"어이쿠!!"

아내는 깜짝 놀랐고, 모모후쿠는 망연자실한 얼굴로 젖은 튀김을 내려다보았다.

하지만 바로 그때 기이한 일이 일어났다. 바삭했던 튀김이, 뜨거운 물을 머금자 다시금 말랑말랑, 흐물흐물한 본래의 형태로 되돌아가는 것 아닌가!

"……이건…"

모모후쿠의 눈동자가 흔들렸다. 젓가락으로 그 젖은 튀김을 집어 입에 넣었다.

쫄깃했다.

부드러웠다.

무엇보다 3분 만에 완벽히 되살아났다. 그는 자리에서 벌떡 일어났다. 의자는 뒤로 넘어졌고, 접시는 다시 한번 흔들렸다.

"면이다… 면을 튀기면 되겠어!"

그는 두 팔을 벌리고 외쳤다.

"유! 레! 카!!"

지붕 위 고양이가 깜짝 놀라 뛰어내릴 정도의 고함이었다.

그날 밤,

모모후쿠는 면을 삶고, 식히고, 달궈진 튀김 냄비에 면을 조심스레 넣었다.

지글지글…

면은 부풀어 올랐고, 노릇노릇, 바싹하게 튀겨졌다. 그것은 면이면서도, 보존이 가능했고, 뜨거운 물만 있으면 다시 살아나는, 세계 최초의 즉석 라면이었다.

1958년, 세계 최초의 인스턴트 라면, 치킨라멘(チキンラーメン)이 세상에 나왔다. 진열대에 놓이자마자, 불티나게 팔려나갔다. 바쁜 회사원, 그리고 일터에서 돌아온 엄마들까지 한목소리로 외쳤다.

"이거, 밥보다 빠르고 국수보다 맛있어!"

라면은 단지 음식이 아니었다. 시간을 절약해주고, 출출함을 달래주고, 때로는 마음을 위로해주는 작은 기적이었다.

그날 이후, 전 세계의 부엌엔 작은 냄비 하나와 뜨거운 물만 있으면 희망이 끓기 시작했다.

컵라면의 아버지 - 안도 모모후쿠

컵라면의 아버지는 다름 아닌, 인스턴트 라면을 발명한 안도 모모후쿠. 그는 1958년, 세계 최초의 인스턴트 라면인 '치킨 라멘'을 선보인 뒤에도 멈추지 않았다. 1971년, 그는 미국 출장 중 사람들이 라면을 컵에 넣고 포크로 먹는 모습을 보고 아이디어를 얻었다.

"그래! 용기를 따로 만들 필요 없이, 라면과 그릇을 하나로 합치자!"

그리하여 탄생한 것이 바로 세계 최초의 컵라면, "컵누들(Cup Noodles)"이었다.

라면은 실제로 우주도 간 적 있다.

2005년, 닛신은 우주에서도 먹을 수 있는 라면을 개발했다. 이름하여 "스페이스 람(宇宙ラーメン)". 끓는 물이 없는 우주에서 섭취하기 위해 점성이 높은 국물, 진공 포장, 낮은 중력에서도 안정적인 면 구조를 갖췄다. 국제우주정거장에서 실제로 일본 우주비행사 노구치 소이치가 먹으며 지구에 "맛있어요!"라고 전송한 일화는 유명하다.

라면 한 봉지, 기업가의 뚝심에서

한국 최초의 라면은 삼양식품 창업자 전중윤 회장의 손에서 시작되었다. 당시는 쌀이 부족하던 1960년대 초. 정부는 미국에서 지원받은 밀가루를 활용할 방안을 고민했고, 전중윤은 일본 출장길에서 힌트를 얻었다.

"일본에선 라면이 국민 음식이더군요. 우리도 이걸 한국식으로 만들어야겠다 싶었죠."

그는 일본 묘조식품(明星食品)으로부터 기술을 들여왔고, 한국인의 입맛에 맞춘 소고기 국물 스프와 기름에 튀긴 면을 개발했다. 그렇게 1963년 9월, 삼양라면 1호 제품이 세상에 등장했다.

국물 한 그릇의 혁명

컵라면 피라미드 높이로 기록하다.

2015년 9월 18일, 컵누들 출시 44주년을 기념해 닛신 식품 임직원들은 컵라면 57,155개를 쌓아 올려 7.4m 높이의 피라미드를 만들었다. 이는 '가장 큰 인스턴트 라면 포장 피라미드'로 기네스에 정식 인증되었고, 20개의 컵라면을 가장 빠르게 쌓은 시간 6.54초 기록도 함께 세웠다.

한 그릇이 아니라 한 마을을 덮을 면

일본의 대표 편의점 체인 LAWSON INC가 2018년, 세계를 놀라게 할 만큼 긴 국수 한 줄로 기네스 세계 기록을 세웠다. 그 길이는 무려 3,776미터에 달한다. 이는 도쿄타워를 약 10번 세운 높이와 맞먹는 수준이다.

이번 도전은 단순한 쇼가 아닌, 섬세한 기술력과 집단적 협동이 필요한 프로젝트였다. 제조팀은 종일 밀가루 반죽을 정성껏 뽑아내고, 국수가 끊기지 않도록 조심스럽게 이어 붙였다. 모든 공정은 위생과 규격 검수 기준을 충족해야 했고, 국수는 실제로 먹을 수 있는 상태로 제공되어야 한다는 기네스의 조건도 충족해야 했다.

국물 한 그릇의 혁명

8. 검은 국물의 반란

— 자장면

1912년, 인천 차이나타운. 항구에는 철썩이는 파도 소리와 함께 굽은 허리의 뱃사람들, 손에 검은 기름 묻은 배달부들, 그리고 '공화춘'의 국수 냄새가 어지럽게 뒤섞였다. 바로 그 주방에서 오춘복은 요리 칼을 휘두르며 투덜거리고 있었다.

"국수는 질려 죽겠고, 밥은 물려 죽겠고… 이놈들 입맛은 어디로 튄 거야?"

그때, 대문이 덜컥 열렸다.

"간장 들고 왔소! 오늘은 진짜 제대로 된 놈이오!"

등에 기름 깡통을 짊어진 남자, 기름 왕 '기씨 아저씨'였다. 항구에서 폐유인지 식용유인지 헷갈릴 정도로 기름 냄새를 풍기며 살던 사내. 언제나 바지엔 튀김가루가 묻어 있고, 말끝엔 늘 "기름이 답이야"가 붙었다.

"형님, 간장 그냥 붓지 마소. 이 기름, 새로 들인 땅콩기름이오. 요거 한 번 철판에 끓이면 냄새가 기가 막혀!"

춘복은 반신반의했지만, 철판을 달구고 기름을 두른 후 간장을 부었다.

"치이이익―!"

주방은 순간 고소한 불맛 향으로 가득 찼다.

"뭐야 이거, 장이 살아 숨 쉬잖아…"

한쪽 구석, 늘 울고 있는 조수 소녀 '춘희'가 감탄했다. 눈물인지, 양파 때문인지 모를 물방울이 눈가에 맺혔다. 춘희는 열일곱, 감정과 눈물이 늘 동기화된 소녀였다. 양파 한 개에 울고, 칭찬 한마디에 울고, 맛있는 냄새에도 운다. 하지만 그날만큼은 웃으며 말했다.

"이건 양파보다 눈물 나는… 행복한 냄새예요!"

기세를 몰아 춘복은 시장으로 달려가 고기를 찾았다. 정육점 앞, 덩치가 산만한 사내가 팔짱을 끼고 고개를 저었다.

"또 살코기만 달라카지? 고기란 건 말이야, 기름이 있어야 제맛이 나는기라."

고기 철학자 '떡쇠 아저씨'. 땀과 피, 소금이 섞인 작업복 위에 돼지 귀걸이까지 하는 전설의 정육인. 그는 고기 자르며 철학을 읊조린다.

"비계는 고기의 시(詩)야. 질겅질겅 씹다 보면, 인생이 녹지."

춘복은 마지못해 비계 섞인 고기를 들고 돌아왔다. 고기, 마늘, 양파, 그리고 간장을 철판에 넣고 볶자, 모락모락 피어오르는 검은 소스. 그 냄새는 곧 골목 전체를 휘감았다. 길 지나던 사내가 발걸음을 멈췄다. 콧등을 찡그리며 외쳤다.

"이건… 시다. 음식을 가장한 시!"

라파엘, 동네에서 가장 예민한 콧구멍을 가진 비염 시인. 코가 늘 막혀서 말끝마다 "흠" 소리가 났지만, 향기를 단어로 번역해내는 천재였다.

"이건… 검은 바다다. 노동과 허기가 뒤섞인… 맛의 심연!"

그는 면을 삶는 춘복을 향해 외쳤다.

"이 검은 시를, 흰 면발 위에 붓는 거요! 면이 캔버스라면, 이건 피카소의 그림이야!"

춘복은 결국 삶은 국수 위에 그 검은 소스를 끼얹었다. 모두가 침을 꿀꺽 삼키며 지켜봤다.

한 입, 두 입.

감탄은 곧 외침으로 바뀌었다.

"자!"

춘복이 눈을 빛내며 외쳤다.

"장인의 손길을 거친… 면의 탄생이오!"

그는 감격에 겨운 듯, 갓 삶아낸 면 위에 까만 춘장을 조심스레 올렸다. 주변 사람들의 눈이 반짝였다. 누군가는 침을 꿀꺽 삼켰고, 누군가는 젓가락을 움켜쥐었다. 그때, 조용히 옆에서 지켜보던 춘희가 말했다.

"그 말, 방금 뭐라고 했죠?"

"자! 장인의 손길을 거친 면의 탄생이라고…"

춘복이 되뇌자, 춘희가 빙긋 웃으며 말했다.

"그러면 '자·장·면'이네요."

"어?"

"앞글자만 따면 되잖아요. 자장면."

순간 주변은 정적에 휩싸였다. 그러다 모두 동시에 고개를 끄덕이기 시작했다.

"오오~ 자장면! 좋다 그 이름!"

"자장면이오, 자장면 드셔보시라우~!"

기씨 아저씨가 탄성을 지르며 외쳤고, 떡쇠는 벌써 첫 젓가락을 들고 있었다.

"면도 좋고, 이름도 맛있네."

춘복은 웃으며 말했다.

"오늘부로, 이 면의 이름은 자장면이오."

자장면? 짜장면?

1970년대에는 '자장면'이라는 표기가 더 일반적이었다. 이는 당시 국립국어원 표준어 규정에 따라 '짜장'보다 '자장'이 맞춤법에 더 가깝다고 여겨졌기 때문이다. 실제로 교과서와 사전에도 '자장면'이 공식 표기로 사용되었다.

하지만 현실의 언어는 다르게 흘렀다. 사람들은 이미 일상에서 "짜장면"이라는 발음을 더 자주 사용하고 있었고, TV 광고, 라디오, 간판, 포장지 등에서는 '짜장'이라는 표현이 점점 더 익숙해졌다.

이러한 흐름을 반영해, 2011년 국립국어원은 결국 '짜장면'을 복수 표준어로 인정하게 된다. 그리하여 '자장면'과 '짜장면'은 공존하는 단어가 되었다.

블랙데이, 자장면 한 그릇에 담긴 '솔로의 위로'

매년 4월 14일, 전국 곳곳의 중국집과 편의점 앞에는 익숙한 풍경이 펼쳐진다. 검은 춘장이 윤기 나는 자장면 그릇들이 줄줄이 배달되고, SNS에는 "#블랙데이", "#짜장면혼밥" 같은 해시태그가 줄을 잇는다. 이날은 바로, 블랙데이(Black Day) — 사랑받지 못한 이들을 위한, 한국만의 특별한 '비공식 기념일'이다.

블랙데이의 기원은 일본과 한국에서 정착된 밸런타인데이(2월 14일), 화이트데이(3월 14일)로 거슬러 올라간다. 여성이 초콜릿을 주고, 남성이 사탕으로 답하는 '사랑의 전달식'이 지난 뒤, 아무것도 받지 못한 사람들은 묘한 공허함을 느낀다. 그런 이들을 위한 '위로의 날'로 만들어진 것이 4월 14일이다.

일본에서 건너온 '찬폰', 한국 땅에서 불을 만나다.

짬뽕의 기원은 19세기 말 일본 나가사키로 거슬러 올라간다. 당시 중국에서 온 유학생들의 끼니를 해결하기 위해 만들어진 '찬폰(ちゃんぽん)'이 그 시초다. 돼지고기, 해산물, 채소 등을 넣고 맑은 육수에 말아낸 이 요리는 '뒤섞다'라는 의미의 이름처럼, 간편하면서도 든든한 중화풍 국수였다. 이 찬폰이 20세기 초반, 인천과 부산의 화교들을 통해 한국에 전해졌다. 그리고 1950년대 한국 전쟁 이후, 사람들의 입맛과 기후, 재료 환경 속에서 찬폰은 점차 '짬뽕'이라는 새로운 이름과 색깔을 갖게 된다.

찬폰

짜장, 라면이 되다.

1970년대 중반, 한국의 인스턴트 라면 시장은 빠르게 성장하고 있었다. '삼양라면'이 국민 라면으로 자리 잡은 지 10여 년, 제조사들은 이제 국물뿐 아니라 '새로운 맛'의 라면을 실험하기 시작했다. 그 가운데 롯데 삼강이 내놓은 제품 하나는 당시로선 이례적이었다. 바로, '짜장면 라면'이라는 이름의 짜장 라면이다.

이전까지 짜장면은 중식당에서 먹는 대표적인 외식 메뉴였다. 하지만 롯데는 짜장의 대중성과 라면의 편의성을 결합해 짜장 풍미의 인스턴트 라면이라는 새로운 영역을 개척하고자 했다. 롯데 짜장면 라면은 오늘날 우리가 익숙한 짜장 라면과는 조리 방식이 달랐다. 지금처럼 물을 따라내고 비벼 먹는 비빔 형 제품이 아니라, 국물을 남긴 채 먹는 국물형 짜장 라면에 가까웠다. 즉, 분말 스프로 짜장 풍미를 더한 변형 국물 라면이었던 셈이다.

당시에는 '짜장 맛 라면'이라는 개념 자체가 생소했기에 이 제품은 창의적인 시도이자 모험적인 도전이었다. 롯데 짜장면 라면은 상업적으로 큰 성공을 거두지는 못했다. 하지만 한국 라면사에서 이 제품은 분명히 기념비적 존재다.

《기생충》이 만들어낸 글로벌 짜장 라면 열풍

2019년, 전 세계 영화계를 뒤흔든 봉준호 감독의 영화 《기생충》. 그 작품 속에서 유독 관객들의 시선을 사로잡은 음식이 있다. 바로, 짜파게티와 너구리를 섞은 즉석 라면 요리, "짜파구리"다. 짜장의 구수함과 매운 국물의 얼큰함이 어우러진 독특한 조합으로, 한국에서는 어린이 간식부터 어른들의 해장 음식까지 다양한 계층이 즐겨 먹는다. 이 조합은 원래 2013년경 인터넷 커뮤니티에서 시작되어 유행한 비공식 레시피였지만, 《기생충》에 등장하면서 단숨에 전 세계의 관심을 받게 됐다.

《기생충》의 영어 자막에는 짜파구리가 "ram-don"이라는 새로운 단어로 번역됐다. 'ramen'과 'udon'의 합성어로, 외국인 관객에게 이 요리의 정체를 이해시키기 위한 의도적이고 창의적인 번역 선택이었다. 봉준호 감독은 인터뷰에서

"외국인들은 짜파게티나 너구리를 모르기 때문에, 새 음식을 창조하듯 단어를 만들 수밖에 없었다"라고 밝혔다.

이 자막은 이후 전 세계 음식 칼럼니스트들과 관객들에게 큰 화제를 불러일으켰고, 'ram-don'이라는 말 자체가 글로벌 신조어처럼 쓰이기 시작했다.

《기생충》이 아카데미 작품상을 받은 후, 전 세계 마트에서는 짜파게티와 너구리를 찾는 외국인들이 급증했다. 유튜브에는 수백 개의 짜파구리 조리 영상이 올라왔고, 라면 수출량에도 영향을 줄 정도로 폭발적인 반응을 이끌었다. 농심은 이에 발맞춰 짜파구리 컵라면을 정식 제품화하며, 전 세계에 "기생충 라면"이라는 별명을 달고 수출을 시작했다.

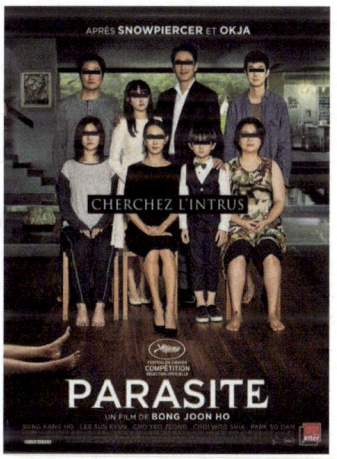

검은 국물의 반란 87

향으로 간을 한 지혜, 차게 식힌 고기 한 점 - 오향장육

바삭하거나, 매콤하거나, 달달한 중화요리들 사이에서 오향장육은 언제나 조용히 그 자리를 지켜왔다. 얼핏 보면 차가운 돼지고기 요리 같지만, 그 속에는 수천 년 중국 향신료 문화와 저장 기술이 녹아 있다. 오향장육(五香醬肉)은 말 그대로 '다섯 가지 향신료로 양념한 간장 고기'로, 고대 중국의 보존식품이자 향 요리로부터 시작되었다.

오향장육의 뿌리는 중국 산둥과 상하이 지역의 전통 조리법에 있다. 냉장 기술이 발달하지 않았던 시절, 고기를 오래 보관하기 위해 사람들은 진한 간장에 여러 향신료를 섞고, 이를 이용해 고기를 조린 후 얇게 썰어 식혀 먹는 방법을 고안했다. 그때 사용된 향신료는 지금도 유명한 오향분(五香粉)으로, 팔각, 정향, 계피, 회향, 산초 등이 주재료다. 이 향신료들은 단순한 풍미를 넘어 살균과 항균 효과를 갖춘 지혜의 조합이었다.

한국에서 오향장육이 본격적으로 등장한 것은 1950~60년대 중화요릿집의 냉채 요리 메뉴를 통해서다. 주로 화교들이 운영하던 중식당에서는 오향장육을 얇게 썰어 겨자 소스, 해파리냉채와 함께 내놓으며 한국식 '냉채 문화'의 일원으로 정착시켰다. 한국인들은 센 향신료에는 다소 거리감을 느꼈기에, 화교 요리사들은 향을 순화시키고 달콤 짭조름한 간장 풍미를 강조하는 방향으로 조리법을 변형했다.

이렇게 탄생한 한국식 오향장육은, 말하자면 '향신료 절제의 미학'과 '불맛 없는 중화요리의 절정'이라 불릴 만하다. 고기를 튀기지도 않고, 맵지도 않으며, 자극적인 기름도 없다. 하지만 한 점 얇게 썬 오향장육을 입에 넣는 순간, 오랜 시간 졸여진 간장의 깊이와 향신료의 은근한 여운이 서서히 번진다.

고기를 뜨겁게 먹는 것이 상식인 한국 식문화에서, 오향장육은 예외적인 음식이다. 조용하고 차분하게, 그리고 천천히 음미하도록 설계된 요리다. 오향장육을 먹는다는 건, 어떤 면에서는 시간을 '식혀서' 즐기는 행위일지도 모른다.

오늘날 오향장육은 고급 중화요릿집의 냉채 메뉴 혹은 특별한 날의 반찬으로 자주 등장한다. 때로는 술안주로, 때로는 연회의 전채요리로 활용되며, 늘 겸손한 자리를 지키지만, 그 풍미만큼은 여전히 깊다.

9. 코카잎이 만든 음료

- 콜라

　1886년 봄, 미국 조지아주의 애틀랜타. 증기기관차가 덜컹대고, 마차 바퀴가 흙먼지를 튀기는 골목 어귀. 그곳에선 늘 이상한 냄새가 흘러나왔다. 바로 제이콥스 약국(Jacob's Pharmacy). 시나몬, 오렌지 껍질, 감초, 알 수 없는 약재 냄새가 섞여 지나는 이들의 코를 간질였다. 약국 안에선 한 남자가 실험 중이었다.

　"이번엔… 코카 잎을 넣고, 콜라 견과도 조금, 그리고…"

　그는 존 펨버턴 박사(Dr. John Pemberton). 남북전쟁에서 부상 입은 퇴역 군인이자, 화학 약제사. 상처 치료 중 모르핀 중독에 시달리던 그는 '모르핀 없는 기분 좋은 약'을 만들기 위해 매일 이상한 액체를 섞고 있었다.

　어느 날, 약국 문이 벌컥 열렸다.

　"선생님, 또 무슨 수상한 약을…"

　등장한 건 헨리 버블스, 멜빵을 사랑하는 떠버리 배달부. 달그락거리며 병을 살피던 헨리가 코를 찡긋거렸다.

"이번엔 무슨 진흙탕 물이에요? 아니, 이건 설탕이 아니라 기름을 넣은 거 아닙니까?"

펨버턴은 침착히 대답했다.

"이번엔 달라, 헨리. 코카 잎, 콜라 견과, 시나몬, 감귤 껍질, 바닐라… 그리고 비밀 재료까지."

"음… 약이라기보단, 술안주에 가깝네요."

"자, 한 모금만 마셔봐. 네 몸이 말할 거야."

펨버턴은 그 신비한 액체를 약국에 있던 탄산수 기계에 넣어 거품을 만들었다.

"톡 쏘는 걸 좋아하잖아. 모두."

그렇게 세상 최초의 콜라가 태어났다. 펨버턴의 약국에는 다음과 같이 상품광고가 걸렸다.

펨버턴의 약용 음료 = 콜라 시럽 + 탄산수 (가격 5센트)

첫 손님은 늘 음료에 '헌법 위반'을 외치던 동네 변호사 설리번

코튼이다.

"이건… 법적으로 약도 아니고 술도 아닌데, 왜 이렇게 맛있지?! 흠… 미묘하게 부당하지만, 다시 한 잔 줘요."

그날, 9잔이 팔렸다. 펨버턴은 눈을 가늘게 뜨며 속삭였다.

"…이건 약이 아니라, 기회야."

얼마 지나지 않아, 펨버턴은 지분을 나눠주기 시작했다. 그리고 조용히 나타난 한 남자. 약제 도매상 에이사 캔들러(A. Candler).

"박사님, 몸도 안 좋으시다던데… 그 레시피, 제가 잘 지켜드릴게요. 대신, 아주 조금만 넘기시죠."

펨버턴은 병약했고, 레시피는 서서히 캔들러의 손에 들어갔다. 그리고 마침내, 펨버턴이 세상을 떠난 뒤 캔들러는 콜라의 모든 권리를 사들였다.

"이제부터 이건 나의 브랜드다."

그는 병을 새로 디자인하고, 도시 곳곳에 포스터를 붙였다.

"펨버턴의 비밀! 콜라를 마셔보세요! 지친 당신, 지금 필요합니다."

사람들은 그 음료를 청량음료로 여기기 시작했고, '약'이라는 꼬리표는 자연스럽게 사라졌다. 그리하여… 진짜 콜라 제국이 시작됐다.

1900년대 초, 코카콜라의 인기엔 날개가 달렸다. 하지만 문제는 하나. 가짜가 판쳤다. "이게 코카콜라야!"라며 파는 병마다 모양이 제각각이었다. 그때, 캔들러는 분노했다. 그는 마침내 탁자를 내려치며 외쳤다.

"코카콜라는 하나! 병도 하나여야 한다! 가짜들이 못 따라 하게, 완전히 독특한 병을 만들어야 해! 100만 달러! 현상금이다!"

그 소문은 순식간에 전국으로 퍼졌고, 한적한 인디애나주의 유리병 공장 '루트 글래스 컴퍼니'에도 닿았다.

그리고 등장한 남자, 어니스트 루드(Ernie Rud). 그는 병을 닦으며 조용히 말하는 청년이었다. 동료들이 농담할 때도 그는 늘 유리잔을 돌려보며 이렇게 말했다.

"병은 말이야… 손에 잡히기도 전에 마음에 들어야 해."

어느 날 캔들러의 공모전 공지가 벽에 붙었다.

"코카콜라를 위한 단 하나의 병을 설계하라! 조건은 다음과 같다.

어둠 속에서도 알아볼 것, 깨져도 그 모양을 알 수 있을 것, 절대 따라 하기 어려울 것!"

루드는 그걸 보자마자, 바로 도서관으로 달려갔다. 그는 코카잎의 사진을 찾으려 했다. 하지만 착각한 사서가 그에게 가져온 책은 "열대 과일의 해부학"이었다. 책장을 넘기다, 루드는 거기서 '카카오 열매'의 단면을 보았다.

물방울 같은 곡선, 잘록한 허리, 위에서 보면 팽팽한 긴장감이 도는 곡선미. 루드는 숨을 삼켰다.

"이거다. 이 병, 마시면 취하지 않아도 반할 거야."

그는 그 길로 밤새 도안을 그렸고, 다음 날 아침, 유리병 하나를 직접 불어 냈다. 그 병은, 그 어떤 병과도 닮지 않았다. 이렇게 코카콜라 병이 탄생했다.

조지프 프리스틀리, 청량감의 선구자

18세기 중반 유럽에서는 스파처럼 탄산이 자연적으로 포함된 광천수가 건강에 좋다는 믿음이 퍼지고 있었다. 당시 상류층은 프랑스의 비쉬, 독일의 젤 등지의 탄산 샘을 일부러 찾아가 마시며 치료를 기대했다.

과학자들은 실험실에서 천연 탄산수의 모방을 시도하기 시작했다. 1772년, 영국의 화학자 조지프 프리스틀리(Joseph Priestley)는 양조장 위층에 살면서 맥주 발효 중 생기는 기체에 흥미를 느꼈다. 그 기체는 바로 이산화탄소. 그는 이 기체를 물에 통과시키는 실험을 하던 중, 우연히 거품이 이는 물을 얻게 된다. 이것이 바로 탄산수 또는 소다수이다.

1783년, 스위스 출신의 야콥 슈웹(Jacob Schweppe)은 프리스틀리의 기술을 개량해 탄산수 제조 장치를 개발했다. 그는 영국 런던에서 회사를 세우고, 최초의 상업용 탄산수를 생산해 판매했다. 이 회사가 바로 오늘날 세계적 음료 브랜드 슈웹스의 시작이다.

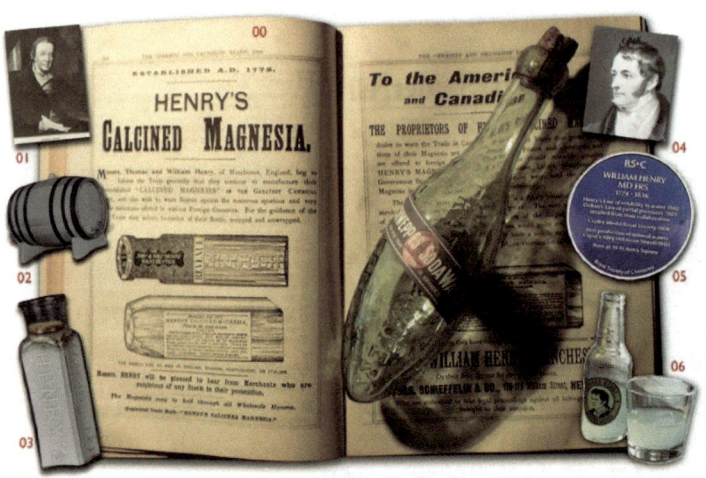

19세기 말, 탄산수는 약국에서 약용 음료의 베이스로 널리 쓰였다. 콜라, 루트비어, 진저에일 등은 모두 이 탄산수를 바탕으로 탄생한 음료다.

즉, 탄산수는 단지 발명의 끝이 아니라, 현대 음료 산업의 시작점이었다.

100년 전의 '로렌스 캠프 병',
세계에서 가장 비싼 콜라로 기록되다.

2019년, 미국 내 수집가 시장에서 "로렌스 캠프 병(Lawrence Camp Bottle)"이라는 이름의 콜라 유리병이 무려 25,000달러에 낙찰되며, 세계에서 가장 비싼 콜라병이라는 타이틀을 거머쥐었다.

이 병은 1900년대 초, 코카콜라가 유통을 시작하던 시기의 극초기 시제품 중 하나로, '로렌스 캠프'라는 도시 이름이 찍힌 희귀한 병이다. 당시 병에 탄산을 넣는 공장은 지역마다 병의 모양과 각인, 색깔이 모두 달랐기 때문에 현재 남아 있는 지역명 각인 유리병은 수집가들 사이에서 '보물'로 통한다.

이 병이 특별한 이유는 단지 오래되었기 때문만은 아니다. 이 병은 손으로 불어 만든 유리병으로 현재까지 단 3개만 존재하며, 병 바닥에 LAWRENCE CAMP라는 각인 존재하며, 코카콜라 초기 상표가 아닌 "약용 시럽" 문구가 남아 있다.

멕시코시티에서 열린 '세계 최대 콜라 컵' 행사

멕시코시티, 탄산음료의 거대한 축제가 열렸다. 한눈에 봐도 압도적인 크기의 투명 플라스틱 컵 안에 거무스름한 액체가 가득 차 있었고, 그 위에는 빨대와 체리 모형까지 얹혀 있었다. 이 거대한 조형물의 정체는 다름 아닌 약 7,500리터의 콜라가 실제로 담긴 '세계 최대 콜라 컵'. 이 행사는 기네스 세계 기록에 공식 등재되었으며, 현장에는 수많은 시민과 관광객들이 몰려들어 이 장면을 직접 목격했다.

이번 특대형 콜라 컵은 멕시코의 행사기획사 Tonic World Center S.A. de C.V. 주도로 제작되었으며, 탄산음료 업계의 상징성을 기념하고 대중과

의 소통을 강화하기 위한 목적에서 기획되었다. 단순한 전시물에 그치지 않고, 실제로 탄산이 담긴 콜라를 컵에 주입한 후 일정량은 방문객들에게 직접 나누어주는 시음 이벤트도 함께 진행되었다.

다이어트 콜라의 탄생

콜라는 단순한 음료 그 이상이었다. 20세기 미국에서 콜라는 청춘과 자유, 대중문화를 상징했다. 그러나 시간이 흐르며 사람들의 입맛은 달라졌다. 건강에 관한 관심이 높아지면서 "콜라는 마시고 싶지만, 설탕은 줄이고 싶다"라는 요구가 커지기 시작했다. 이런 시대의 변화에 처음 응답한 건 1963년, 코카콜라사에서 출시한 음료 'TAB(탭)'이었다. TAB은 세계 최초의 다이어트 탄산음료로, 설탕 대신 사카린(saccharin)이라는 대체 감미료를 사용해 칼로리를 낮췄다.

1982년, 드디어 자사 이름을 정식으로 붙인 "다이어트 콜라(Diet Coke)"가 출시되었다. 이 제품은 TAB보다 맛과 향이 개선되었고, 브

랜드 홍보에도 대대적인 투자가 이뤄졌다. 특히 다이어트 콜라는 단순히 설탕을 뺀 음료가 아니라, "맛은 유지하면서 칼로리를 줄인다."라는 새로운 소비 트렌드를 대표하게 되었다.

그 시기는 마침 1980년대 건강 열풍과 겹쳤다. 헬스클럽이 인기를 끌고, 에어로빅 복장이 유행하던 시대. 다이어트 콜라는 운동 후 갈증을 해소하는 음료로, 또 다이어트를 의식하는 소비자에게 '똑똑한 선택'으로 자리매김했다.

이후 2005년에는 '코카콜라 제로(Coke Zero)'가 등장했다. 기존 다이어트 콜라보다 더 묵직한 맛을 원하는 소비자, 특히 남성층을 겨냥한 새로운 무설탕 음료였다. 그리고 2017년부터는 '다이어트' 대신 '제로 슈거(Zero Sugar)'라는 표현이 앞세워지며, 브랜드 전체가 다시 진화했다.

탄산을 지키기 위한 작지만 완벽한 발명

오늘날 우리는 맥주나 탄산음료 병을 가볍게 열어 마신다. 하지만 과거에는 유리병 안의 탄산을 안전하게 보존하고, 또 쉽게 열 방법이 존재하지 않았다. 음료 산업에 있어 가장 중요한 건 '맛'이 아니라, 오히려 탄산이 새지 않는 병마개였다.

이 문제를 해결한 사람은 19세기 말 미국의 발명가 윌리엄 페인터(William Painter)였다. 1892년, 그는 병 안의 압력을 지키면서도 간편하게 봉인할 수 있는 뚜껑을 고안한다. 그것이 바로 오늘날 우리가 알고 있는 '병뚜껑(crown cap)'이다.

병뚜껑은 이름처럼 왕관 모양의 톱니가 촘촘히 박혀 있는 모양이었고, 내부에는 코르크 고무 패드가 덧대어져 병 안의 탄산이 새지

않도록 만들어졌다. 그 단단하고 효율적인 구조 덕분에 탄산음료와 맥주는 한층 더 멀리, 오랫동안 유통될 수 있었다. 하지만 병뚜껑이 탄생하자마자 곧바로 또 하나의 발명이 필요해졌다. "이걸 어떻게 따지?"라는 아주 현실적인 문제였다. 그리하여 병뚜껑을 열 수 있는 도구, 바로 '병따개(bottle opener)'가 등장했다. 초기 병따개는 금속으로 제작되어 지렛대 원리를 이용해 병뚜껑을 들어 올리는 방식이었으며, 곧바로 일반 가정과 상점, 바에 빠르게 보급됐다.

이렇게 병뚜껑과 병따개는 한 쌍이 되어, 전 세계 음료 산업의 판도를 바꿔 놓는다. 유리병 음료의 대량 생산과 유통이 가능해졌고, 코카콜라와 펩시, 하이네켄, 버드와이저 같은 브랜드가 세계 시장을 누비게 된 것도 이 작은 발명 덕분이었다.

병뚜껑은 곧 광고 수단으로도 활용되기 시작했다. 브랜드 로고를 병뚜껑 위에 직접 인쇄함으로써, 뚜껑 하나가 곧 브랜드 아이덴티티가 되는 시대가 열린 것이다.

10. 맥도날드 왕국과 스피디의 비밀

- 햄버거

1937년, 캘리포니아 먼로비아. 66번 국도 옆, 작은 오렌지 주스 가게가 문을 열었다. 그 가게엔 두 형제가 있었다. 딕 맥도날드와 맥 맥도날드. 그들이 진짜로 관심 있었던 건 속도와 정리정돈이었다.

"맥, 고기 굽는 동선이 30cm만 짧아지면 3초 절약이야."

"형, 감자튀김은 그럼 우체통 옆으로 옮기자."

이들이 세운 철칙: 불필요한 움직임은 허락하지 않는다.

1940년 5월 15일, 샌버너디노. 두 형제는 "맥도날드 페이머스 바비큐"라는 드라이브인을 열었다. 그런데 시간이 지나면서 이상한 현상을 발견했다. 고객들은 바비큐에는 시큰둥했지만, 햄버거만은 줄을 서서 먹었다. "맥, 우리가 바비큐 장인이 아니라, 패티 마법사였나 봐."

"형, 그러면 메뉴판 정리해야겠네."

그들은 1948년, 과감히 바비큐를 접고 햄버거, 치즈버거, 감자 칩, 아이스크림, 청량음료, 그리고 커피만 남겼다. 이름은 '스피디 서비

스 시스템'. 그리고 간판 위에는 작은 요정 같은 마스코트가 등장했다. 이름하여… 스피디.

1952년 봄. 형제는 생각했다.

"이젠 건물도 빨라 보여야 해."

그들은 인근 폰타나의 건축가 스탠리 메스턴을 불렀다. 테니스장 위에 분필로 주방 배치를 그리고, 유리와 타일, 네온사인을 더했다. 그리고 결정적인 아이디어가 등장했다. 황금색의 거대한 아치. 두 개의 아치가 솟구쳤고, 마치 번개처럼 하늘을 가르며 햄버거의 시대를 선언했다. 스피디는 살짝 질투했지만 입을 다물었다.

1954년, 시카고 멀티믹서 기계 외판원 레이 크록은 깜짝 놀랐다.

"기계를 8대나 주문한 햄버거 가게라니?"

그는 곧장 샌버너디노로 날아갔다. 그리고 거기서 보았다 — 환상적인 주방, 한 치의 흐트러짐도 없는 동선, 쉴 틈 없이 미소를 짓는 마스코트 스피디, 그리고 눈 깜짝할 사이에 완성되는 햄버거. 그의 눈에 번개가 내리쳤다.

"이건… 산업혁명입니다. 이걸 전국에 깔아야 합니다."

맥도날드 형제는 조심스러웠다.

"레이 씨, 캘리포니아야 맑은 날이 많지만… 시카고처럼 눈 쌓이고 추운 데서도 이 시스템이 통할까요?"

"문제없습니다." 레이는 미소 지었다. "책임은 전부 제가 질게요."

형제는 마침내 계약서에 사인했다. 조건은 단순했다. 총 매출의 0.5%, 단 캘리포니아와 애리조나는 제외. 문제없다고 생각했다. 하지만 사인을 하기 전, 딕의 손끝에서 케첩 한 방울이 종이 위로 떨어졌다. 얼룩은 문장 하나를 가려버렸다:

"모든 상표, 마스코트, 인테리어, 시스템 및 '스피디'의 권리는 레이 크록에게 귀속됨."

그날 밤, 햄버거 간판 위에서 스피디는 울고 있었다.

크록은 시카고 외곽에서 첫 번째 프랜차이즈를 열었다. 이름은 맥도날드, 메뉴도 같았다. 하지만 스피디는 사라지고, 거대한 M자아치가 그 자리를 대신했다.

"이제 나의 제국이 시작된다.…"

그는 생각했다. 딕과 맥은 캘리포니아에서 여전히 원조 가게를 운영하고 있었다. 그러나 스피디는, 골든 아치 아래에서 조용히 지워지고 있었다.

인류 문명을 빵 사이에 끼운 음식 - 햄버거의 역사

지금, 이 순간에도 수많은 사람이 햄버거를 먹고 있다. 손바닥만한 빵 사이에 고기 패티와 소스, 채소를 넣어 한 입 베어 무는 음식. 이 단순한 형태의 음식은 어떻게 세계를 대표하는 요리가 되었을까? 햄버거의 역사는 생각보다 훨씬 오래되었고, 그만큼 다채로운 이야기로 가득 차 있다.

햄버거의 기원을 찾기 위해서는 먼 과거, 13세기 유라시아 초원까지 거슬러 올라가야 한다. 몽골 제국의 기마병들은 말을 타고 달리며 빠르게 음식을 해결해야 했고, 그래서 말고기를 얇게 썰어 안장 밑에 넣어 부드럽게 만든 뒤 먹곤 했다. 이 음식은 유럽에 전해지면서 생고기 요리인 '타르타르스테이크'로 발전했고, 다진 고기를 익혀 먹는 방식으로 바뀌며 서서히 현대 햄버거의 뿌리를 형성하기 시작했다.

19세기에는 독일 북부의 항구 도시인 함부르크(Hamburg)에서 '햄버그스테이크'라는 이름으로 다진 쇠고기를 굽는 요리가 유행했다. 독일 이민자들이 미국으로 건너가면서 이 요리도 함께 전해졌고, 뉴욕의 식당들은 'Hamburg-style steak'을 메뉴로 팔기 시작했다. 이것이 '햄버거'라는 이름의 어원이 된다.

하지만 우리가 알고 있는 '빵 사이에 고기를 넣은 햄버거'는 미국에서 본격적으로 탄생했다. 1880~1900년대 초, 미국의 여러 지역에서 '햄버거의 발명자'를 자처하는 사람들이 등장했다. 위스콘신주의 찰리 내그린은 미트볼을 빵에 넣어 팔았고, 뉴욕주의 멘체스 형제는 돼지고기를 다져서 빵에 끼워 팔았다고 주장한다. 코네티컷의 한 식당 주인은 손님 요청으로 즉석에서 빵 사이에 고기를 끼워줬다고도 전해진다. 여러 주장이 엇갈리지만, 공통점은 하나다. 햄버거는 이민자의 손끝에서 빠르고 실용적인 식사로 탄생했다는 것이다.

35,000개의 빅맥을 먹은 남자
- 도널드 고르스키, 햄버거로 쓴 인생 기록

미국 위스콘신주의 작은 도시, 폰 뒤랙(Fond du Lac). 이곳에 사는 한 남자는 무려 35,000개의 빅맥을 먹고 기네스 세계 기록에 이름을 올렸다. 그의 이름은 도널드 고르스키(Don Gorske). 그리고 그의 일상은 지금도 여전히 '빅맥 두 개와 콜라'로 시작된다.

1972년 5월 17일, 고르스키는 생애 처음 빅맥을 먹는다. 그리고는 이렇게 말한다.

"이거 평생 먹고 싶어."

그날, 그는 한꺼번에 9개의 빅맥을 먹었다. 그리고 그다음 날도, 그다음 해도, 그 이후의 50년도 그는 거의 하루도 빠짐없이 빅맥을 먹었다. 그 결과, 2025년 3월 15일 기준, 35,000번째 빅맥을 인증하며 기네스 세계 기록을 공식 경신했다.

세계에서 가장 큰 햄버거
- 독일에서 탄생한 기네스 기록의 괴물 버거

2017년 독일 바이에른주의 작은 마을 필스팅(Pilsting)에서는 전 세계를 놀라게 할 거대한 사건이 벌어졌다. 무게만 무려 1164.2kg에 달하는 세계에서 가장 큰 햄버거가 완성된 것이다. 이 역사적인 햄버거 프로젝트는 독일의 버거 열혈 장인들 - 볼프강 리브(Wolfgang Leeb), 톰 라이헤네더(Tom Reicheneder), 루디 디틀(Rudi Dietl), 요제프 젤너(Josef Zellner), 한스 마우러(Hans Maurer), 크리스티안 디싱어(Christian Dischinger) 등 총 여섯 명의 팀이 힘을 합쳐 만든 결과물이었다. 이들은 'Sizzle King'이라는 이름 아래 수개월에 걸친 준비 끝에 거대한 패티와 번, 신선한 채소로 가득 찬 초대형 햄버거를 완성해냈다.

커넬 샌더스와 KFC 이야기

커넬 샌더스, 본명은 하얼랜드 샌더스(Harland Sanders). 그는 1890년 미국 인디애나의 가난한 농가에서 태어났다. 6살에 아버지를 잃고, 어린 나이에 가족을 돌보기 위해 부엌에 섰다. 자신도 배가 고픈 나이에 동생들에게 따뜻한 한 끼를 해주기 위해 요리를 배웠다. 그의 삶은 절대 순탄하지 않았다. 기관사, 보험판매원, 도로 건설노동자, 변호사 등, 수십 개의 직업을 전전하며 숱한 실패를 겪었다. 그러던 중, 한 가지는 항상 주변 사람들에게 칭찬을 받았다. 바로, 그의 치킨 요리였다.

1930년대, 그는 켄터키주 코빈(Corbin)에 작은 주유소와 간이식당을 함께 운영하게 되었다. 지나는 트럭 운전자들이 그곳에서 프라이드 치킨을 한 입 먹고는 다시 돌아왔다. 그는 조리 시간을 단축하면서도 육즙을 살리는 방법을 연구했고, 기존 튀김 방식 대신 압력솥을 이용한 새로운 조리법을 개발했다. 거기에 직접 섞은 11가지 비밀 양념을 더해 지금의 KFC 스타일이 완성되었다. 입소문은 빠르게 퍼졌고, 그의 식당은 점차 지역 명소가 되었다.

2차 세계대전이 끝난 뒤, 고속도로가 새로 개통되면서 사람들의 발길은 더는 그의 식당을 향하지 않았다. 결국, 샌더스는 식당을 정리하고, 단돈 105달러만 들고 다시 길 위로 나섰다. 이때 그의 나이, 예순다섯. 치킨 조리법 하나만 믿고, 주방장들을 찾아다니며 말하곤 했다.

"한 번 제 방식대로 튀겨보시겠습니까? 마음에 드시면, 수익 일부만 주세요."

그의 정성과 뚝심은 조금씩 열매를 맺었고, 미국 전역에 그가 만든 '프라이드 치킨집'이 생겨나기 시작했다.

바로, 우리가 아는 KFC(Kentucky Fried Chicken)의 시작이었다. 65세에 다시 시작한 사업은 그로부터 몇 년 사이 미국 전역은 물론 전 세계로 뻗어 나갔다.

11. 영국에서 태어난 인도 요리

- 치킨 티카 마살라의 기묘한 여정

한때 세계를 지배했던 대영제국. 그 넓디넓은 식민지의 유산이 때론 예상치 못한 방식으로 본국에 뿌리내리곤 한다. 그 대표적인 사례가 바로, 향신료의 나라 인도에서 유래했으나, 지금은 "영국의 국민 음식"으로 불리는 치킨 티카 마살라(Chicken Tikka Masala)다.

2001년, 영국 외무장관 로빈 쿡(Robin Cook)은 공식 연설에서 이렇게 말했다.

"치킨 티카 마살라는 이제 진정한 영국의 국민 음식입니다. 이 요리는 인도 기원을 가졌지만, 영국적 감각으로 재탄생했으며, 영국이 외부 문화를 흡수하고 재창조하는 방식을 상징적으로 보여주는 사례입니다."

이 선언은 단순한 음식 칭송이 아니라, 다문화 사회로 변화해가는 영국의 정체성 선언처럼 울려 퍼졌다. BBC나 가디언, 타임스 오브

인디아 같은 언론들도 이를 집중적으로 보도하며, 이 낯선 '국민 음식'의 배경에 대한 대중의 궁금증은 더욱 커져만 갔다.

하지만 정말 이 요리는 인도에서 온 걸까? 재미있게도, 지금 우리가 알고 있는 치킨 티카 마살라는 정작 인도에서는 거의 찾아볼 수 없는 요리다. 인도 현지에서 "티카"란 숯불에 구운 닭 요리를 의미하고, "마살라"는 향신료 혼합 양념을 뜻하지만, 진한 오렌지빛 토마토 크림소스에 풍덩 빠진 그 유명한 버전은 영국에서 탄생했다는 것이 유력한 견해다.

가장 널리 퍼진 기원설에 따르면, 1970년대 스코틀랜드 글래스고의 한 레스토랑에서 일어난 작은 불만이 모든 것의 시작이었다.

"당신네 치킨 티카, 너무 건조해요."

한 손님의 말에 파키스탄계의 영국 셰프 알리 아흐메드 아슬람은 고민 끝에 즉흥적인 선택을 한다. 부엌에 있던 토마토 수프에 향신료와 크림을 섞어 부드러운 소스를 만들어 티카 위에 끼얹었다. 그리고 손님은 말했다.

"완벽해요."

이 에피소드는 현지 매체와 브리태니커 백과사전에서도 회자되며, 글래스고가 치킨 티카 마살라의 비공식 탄생지로 자리 잡는 데 일조했다. 물론 그 정확한 기원을 둘러싼 논쟁은 여전히 이어지고 있지만, 이 음식이 영국인들의 입맛과 정체성 모두에 깊숙이 스며들었다는 점만큼은 분명하다.

향신료의 천일야화 – 커리는 어떻게 발명되었나?

인도의 어느 부엌, 수천 년 전. 기온은 섭씨 40도에 육박하고, 짙고 매운 향신료 내음이 천천히 퍼져나간다. 불 위에 얹힌 항아리 안에서는 병아리콩과 렌틸콩, 채소, 고기, 그리고 알 수 없는 색색의 가루들이 부글부글 끓고 있었다. 이 가루들, 곧 마살라(Masala)라 불리는 향신료 혼합물은, 어느덧 세계를 뒤흔든 음식 커리(Curry)의 전신이 된다.

하지만 커리는 어느 한 날, 누군가에 의해 '발명'된 것이 아니었다. 그것은 수 세기에 걸쳐 기후, 생존, 의학, 문화가 오묘하게 교차하며 천천히 발효된 음식, 말하자면 맛의 진화 결과물이었다.

인도는 고대로부터 세계 최고의 향신료 생산지였다. 후추, 고수, 커민, 강황, 생강… 이들은 단순한 '맛'의 재료가 아니라 식중독을 막고, 체내 염증을 가라앉히며, 고기의 부패를 늦추는 생존의 도구였다. 특히, 냉장 기술이 없던 고온다습한 인도에서 이 향신료들은 말 그대로 '먹고 살기 위한 과학'이었다. 이렇게 수천 년간 향신료를 섞고 졸이고 볶고 끓이는 지식이 쌓이며, 인류는 소스를 중심으로 한 일련의 요리법을 만들어냈고, 그것이 훗날 전 세계에서 '커리'로 불리게 된다.

재미있게도, '커리'라는 단어는 인도에서 온 것이 아니다. 본래 남인도 타밀어로 '카리(Kari)', 즉 '소스 요리'를 뜻하던 말을 영국인들이 자신들의 언어로 굳힌 것이다. 하지만 정작 인도 사람들은 커리라는 단어를 거의 사용하지 않는다. 그들에게는 각 요리마다 이름이 따로 있다. '팔락 파니르', '빈달루', '달 마카니', '로간 조쉬'… 그들에게 커리는 하나의 요리가 아니라 수백 가지의 정체성을 가진 세계다.

그렇다면 왜 사람들은 커리에 빠지는 걸까? 단순히 매워서일까? 여기엔 향신료에 숨겨진 놀라운 과학적 비밀이 있다. 노란빛을 내는 강황(Turmeric)은 항염작용을 하는 커큐민(curcumin)을 포함하고 있고, 그 흡수를 2000배 이상 높여주는 물질이 바로 후추의 피페린(piperine)이다. 여기에 고추 속의 캡사이신(capsaicin)이 체온을 높이고 기분 좋은 엔돌핀을 분비시켜주니, 커리는 말 그대로 약이자 식사, 과학이자 문화인 셈이다.

커리, 제국의 테이블에 오르다 – 1810년 런던의 인도 식당

커리가 영국의 식탁에 처음 등장한 건 언제였을까? 치킨 티카 마살라가 국민 음식으로 칭송받기 훨씬 전, 1810년 런던 한복판에 문을 연 작고 낯선 레스토랑이 그 시발점이었다. 그 식당의 이름은 힌두스탄 커피 하우스(Hindostanee Coffee House). 문을 연 이는 인도 출신의 이민자, 사키 딘 마호메드(Sake Dean Mahomed)였다. 마호메드는 단순한 요리사나 상인이 아니었다. 그는 당시로는 드물게 영어로 자서전을 출간한 인도 출신 지식인이었으며, 영국 사회에 인도의 문화와 요리를 소개하려는 문화 사절사 같은 존재였다.

그가 연 커피 하우스는 단순한 찻집이 아니었다. 메뉴에는 카레와 향신료가 가득한 인도식 요리, 그리고 후식으로는 차이(향신료 우유차)가 올라왔고, 벽에는 인도풍 장식과 그림들이 걸려 있었다. 이곳은 단순히 허기를 채우는 곳이 아니라, 인도의 향기와 분위기를 경험하는 작은 대사관 같은 공간이었다.

12. 사랑에서 태어난 면발

– 페투치니 알프레도

1914년, 이탈리아 로마의 어느 부엌. 한 남자가 걱정스러운 얼굴로 냄비를 들여다보고 있었다. 그의 이름은 알프레도 디 렐리오(Alfredo di Lelio). 요리사였던 그는 요즘 식욕이 떨어진 아내 때문에 고민 중이었다. 아내는 임신 중이었고, 평소 좋아하던 음식조차 손도 대지 못할 만큼 입덧이 심했다.

사랑하는 사람을 위해 해줄 수 있는 일이 음식밖에 없던 알프레도는, 가장 부드럽고 순한 맛의 파스타를 만들기로 했다. 복잡한 향신료는 과감히 덜어내고, 버터와 파르메산 치즈, 단 두 가지 재료로 소스를 만들었다. 그러고는 넓고 납작한 파스타인 페투치니(Fettuccine) 면에 그 소스를 부드럽게 비벼냈다. 기적처럼, 아내는 그 한 접시를 다 비웠다. 입맛을 잃었던 그가 처음으로 환하게 웃었다.

(페투치니(Fettuccine) 면)

이 요리는 단순한 '면 요리'가 아니었다. 그것은 알프레도가 사랑으로 만든 음식이었고, 한 가정의 기쁨을 되찾아준 요리였다.

세월이 흐르고, 알프레도는 이 요리를 로마의 레스토랑 '알프레도'의 대표 메뉴로 올렸다. 그러던 어느 날, 할리우드 스타들이 로마에 들렀다. 더글러스 페어뱅크와 메리 픽포드 부부는 알프레도의 식당에서 이 요리를 맛보고는 한눈에 반해버렸다. 미국으로 돌아간 그들은 친구들에게 이 파스타를 열렬히 소개했고, 이 파스타는 '페투치니 알프레도'로 불리웠다.

아이러니하게도, 이 요리는 이탈리아보다 오히려 미국에서 더 유명해졌다. 많은 이탈리아 사람들은 알프레도의 순한 파스타를 "미국식"이라고 생각할 정도였다. 하지만 그 기원에는, 복잡한 향신료도, 세련된 셰프 기술도 없었다. 단지, 한 남자가 사랑하는 사람의 입맛을 되찾기 위해 만든 단순하고 따뜻한 요리일 뿐이었다.

더글러스 페어뱅크와 메리 픽포드 부부

토론토에서 펼쳐진 스파게티 퍼포먼스, 길이 160m 홈메이드 기록 세우다

Corso Italia Toronto Fiesta는 토론토의 이탈리아계 커뮤니티가 매년 여는 대표적인 문화 축제로, 다양한 전통 음식 체험과 퍼레이드, 음악 이벤트 등이 펼쳐진다. 그중에서도 2018년 참가자들이 함께 긴 스파게티를 만들며 커뮤니티의 결속을 보여준 퍼포먼스는 많은 이들의 시선을 끌었다.

이날 사람들은 스파게티 반죽을 수제 방식으로 길게 늘이고 이어 붙이며 총 160미터에 달하는 면을 완성했습니다. 이는 기네스 세계 기록에 등재된 "Longest homemade spaghetti" 기록으로 인정받았다.

사랑에서 태어난 면발

면으로 떠나는 여행, 파스타의 세계

이탈리아에는 수백 가지의 파스타가 있다. 모양도, 이름도, 쓰임도 저마다 다르다. 그러나 이 작은 면발 하나하나에는 지역의 풍토, 재료의 개성, 그리고 사람들의 삶이 녹아 있다.

우리가 가장 먼저 떠올리는 건 아마 스파게티일 것이다. 둥글고 길쭉한 이 면은 미트볼과 토마토소스를 만나기 전 세계 어린이들의 입맛을 사로잡았다.

링귀니

비슷한 모양이지만 조금 더 납작한 링귀니는 바지락이 들어간 봉골레 파스타에 자주 쓰인다. 그보다 더 넓은 페투치네와 타글리아텔레는 크림소스나 진한 라구 소스를 머금고 입안에서 묵직하게 감긴다. 반면 머리카락처럼 가는 카펠리니는 그 가녀린 모습 그대로 가벼운 토마토소스나 올리브유와 잘 어울린다.

길고 부드러운 면이 있다면, 짧고 실용적인 면도 있다. 대표적인 것이 펜네다. 깍두기처럼 잘린 관형 면은 그 속으로 토마토소스가 깊이 스며든다.

펜네

리가토니는 펜네보다 훨씬 굵고 홈이 깊어, 치즈가 소스와 함께 잘 엉겨 붙는다. 푸실리는 나사처럼 꼬인 형태로 소스를 단단히 끌어안고, 파르팔레는 나비 모양으로 도시락이나 샐러드 속에서 사랑받는다. 트로피에는 북부 리구리아 지방에서 유래한 짧고 비틀린 파스타로, 바질페스토와 짝을 이루면 진한 향과 씹는 맛이 완성된다.

리가토니

파스타는 겉모습만이 아니라, 속까지 채울 수도 있다. 라비올리는 작은 사각형 속에 치즈나 고기, 채소를 품고, 부드러운 버터 소스 위에 올라간다. 토르텔리니는 반달 모양으로 귀여운 형태지만, 깊은 육수나 크림소스와 어우러지면 놀라운 풍미를 낸다. 조금 덜 알려졌지만, 아뇰로티는 이탈리아 북부 피에몬테 지방의 자부심이다.

라비올리

또 다른 차원은 오븐이다. 넓고 납작한 라자냐면 사이로 고기 소스와 베샤멜 소스가 층층이 쌓이면, 부드럽고 진한 맛의 끝판왕이 탄생한다. 굵은 관처럼 생긴 칸넬로니는 속을 채워 오븐에 구우면 든든한 한 끼가 되고, 조개 모양의 콘킬리에는 그 오목한 틈새에 리코타

콘킬리에

치즈와 고기, 바질이 들어가 작지만, 인상적인 요리를 만든다.

마지막으로, 파스타는 수프 안에서도 존재감을 드러낸다. 쌀알처럼 생긴 오르조, 아주 짧은 관형 디탈리니, 작은 링 모양의 아넬리니는 국물 속에서 포근한 위로를 건넨다.

아넬리니

사랑에서 태어난 면발

13. 노란 담요 덮은 밥

- 오므라이스

1900년대 초반, 일본 오사카에는 서양식 요리를 내는 고급 레스토랑이 하나 있었다. 그 이름은 "호쿠테이(北極星, Hokkyokusei)". 이곳은 일본에서 서양 요리, 특히 프랑스풍 오믈렛과 함박스테이크 같은 음식들을 '요쇼쿠(洋食)'라는 이름으로 선보이던 레스토랑이었다.

어느 날, 이곳에 매일 같이 점심으로 볶음밥을 먹던 단골손님이 있었다. 그는 위가 좋지 않아 기름진 볶음밥이 부담되기 시작했고, 요리사는 그를 위해 볶음밥 위에 부드럽고 따뜻한 달걀 오믈렛을 덮어 위에 자극이 덜한 새로운 요리를 만들어냈다. 바로 오늘날 우리가 알고 있는 오므라이스의 시작이었다.

'오므라이스'는 영어 'Omelette'(오믈렛)과 일본어 'Rice'(라이스)의 합성어로, 일본식 영어 '와세이 에이고(和製英語)'의 대표적인 예이다. 원래 서양식 오믈렛에 밥을 넣은 음식은 없었기에, 오므라이스는 일본에서 탄생한 서양풍 퓨전요리라 할 수 있다.

오므라이스는 일본 대중문화 속에서도 사랑받는 메뉴입니다. 애니메이션 <이웃집 토토로>, <러브레터>, <심야식당> 등에서 등장하며, 종종 계란 위에 케첩으로 하트나 이름을 적는 장면이 관객들의 마음을 녹이곤 합니다.

<이웃집 토토로>에 등장하는 오므라이스

세계에서 가장 큰 오믈렛, 터키에서 탄생하다.

2010년 10월 8일, 터키 안탈리아에서는 달걀 요리의 경이로운 기록이 탄생했다. 바로 세계에서 가장 거대한 오믈렛이 만들어진 것이다. 이 엄청난 대형 요리는 터키 계란 생산자 협회(Turkish Egg Producers Association)의 주최로 진행되었다. 이 초대형 오믈렛에는 무려 432,000개의 계란이 사용되었고, 무게는 약 4.4톤에 달했다. 조리를 위해 사용된 팬 또한 상상을 초월하는 크기였다. 직경 10미터의 특수 제작된 철판 팬 위에서 약 6시간에 걸쳐 요리가 이루어졌다.

하지만 이날의 하이라이트는 단지 크기만은 아니었다. 대량의 계란을 옮기는 과정에서 몇몇 계란이 터져 현장 바닥에 '계란 비눗물'이 만들어졌고, 이로 인해 주방장이 무려 세 번이나 미끄러지는 해프닝이 발생했다. 그 장면을 지켜보던 어린이들은 오히려 신이 나서 계란물위에서 미끄럼을 타며 놀았다고 전해진다.

몽생미셸의 전설, '거대 오믈렛 쇼'
- 라 메르 풀라르의 오믈렛

프랑스 북부의 해안에 우뚝 솟은 바위섬, 몽생미셸. 이곳은 유네스코 세계유산으로도 유명하지만, 또 하나의 '전설'을 품고 있다. 바로 1888년부터 이어져 내려오는 거대한 오믈렛의 명가, '라 메르 풀라르(La Mère Poulard)'가 그것이다.

이 레스토랑의 오믈렛은 단순한 계란 요리가 아니다. 계란을 수십 번 휘저어 만든 폭신폭신한 수플레 형태의 오믈렛으로, 때로는 두께가 10~20cm에 달할 정도로 부풀어 오른다.

주방 안에서는 셰프들이 커다란 구리 볼에 계란을 넣고 마치 북을 치듯 힘차게 휘젓는다. 이 조리법은 마치 하나의 공연처럼 느껴지며, 세계 각지에서 찾아온 관광객들은 셰프의 손끝에서 탄생하는 오믈렛을 사진과 영상으로 담느라 분주하다.

이 특별한 요리는 앙넷 풀라르(Annette Poulard)라는 이름의 여성이 만들기 시작했다. 19세기 말, 몽생미셸을 찾는 순례자와 여행객들을 위해 빠르게 만들 수 있으면서도 따뜻한 환영을 전할 수 있는 요리가 필요했고, 그 결과 이 독창적인 오믈렛이 탄생한 것이다. 이 오믈렛은 <뉴욕타임스>와 <르몽드>, <내셔널지오그래픽> 등 세계 유수 매체에도 소개되며 '프랑스의 전통 요리 유산'으로도 평가받는다.

14. 생선 저장 기술에서 탄생한 음식

- 초밥

초밥은 오늘날 전 세계에서 사랑받는 음식이지만, 그 기원은 놀랍게도 일본 바깥, 동남아시아에서부터 시작되었다. 원래는 생선을 오래 보관하려는 방법이었다. 고대 사람들은 생선을 소금에 절인 후 밥에 묻어 발효시켜 저장했는데, 이 밥은 발효를 위한 매개체일 뿐 먹는 용도는 아니었다. 이 방식은 일본에 전해져 나라즈시라는 이름으로 자리 잡았고, 일본의 기후와 입맛에 맞게 점차 변화해갔다.

시간이 흐르면서 사람들은 밥까지 함께 먹기 시작했다. 발효를 기다릴 필요 없이 식초를 밥에 넣어 상쾌한 맛을 내는 방식, 즉 하야즈시(빠른 초밥)가 등장했다. 이것은 맛뿐만 아니라 시간을 절약할 수 있어 상업적으로도 유리했다. 특히 간사이 지방에서는 생선과 밥을 틀에 넣고 눌러서 만드는 오시즈시(눌러 초밥)가 발달했다.

오늘날 우리가 아는 '손으로 살짝 쥔 초밥', 즉 니기리즈시는 19

세기 도쿄에서 본격적으로 등장한다. 이 새로운 스타일의 초밥은 한야 요헤이(華屋与兵衛)라는 요리사에 의해 탄생했다고 전해진다. 그는 발효나 숙성 과정 없이, 신선한 생선과 갓 지은 식초밥을 이용해 단시간에 만드는 초밥을 개발했다. 이것은 그야말로 에도 시대의 패스트 푸드였고, 변화한 도시 도쿄(에도)에서 큰 인기를 끌었다.

'움직이는 초밥'의 탄생 - 회전초밥

1958년 일본 오사카. 한 스시 장인이 고민에 빠져 있었다. 손님은 점점 늘어나는데, 숙련된 직원은 부족했고, 주문은 밀리고, 회전율은 낮았다. 이 문제를 해결할 방법은 없을까? 그 장인의 이름은 시라이시 요시아키(白石義明). 그가 고민 끝에 내놓은 해답은, 당시로써는 상상도 못 할 방식이었다. 스시가 움직인다.

그는 어느 날 아사히 맥주 공장을 견학하던 중, 자동화된 병맥주

컨베이어 벨트를 보게 된다. 병들이 규칙적으로 움직이며 정리되고, 분배되는 모습을 본 시라이시는 곧장 머릿속에 스시 접시를 떠올렸다.

"스시를 벨트에 올려 돌리면, 손님이 직접 고를 수 있잖아!"

이 발상은 단순하면서도 혁신적이었다. 몇 년에 걸친 연구와 설계 끝에, 그는 드디어 1958년 오사카 히가시 구에 '마와루 겐로쿠즈시(廻る元禄寿司)'라는 가게를 열었다. 이곳이 바로 세계 최초의 회전 초밥집이다. 가게 안에는 컨베이어 벨트가 설치되어 있었고, 그 위로 다양한 초밥 접시가 돌고 있었다. 손님은 자리에서 일어나지 않고, 눈앞을 지나가는 접시를 보고 마음에 드는 초밥을 집어 들기만 하면 됐다. 접시 색깔에 따라 가격이 구분되어 있었고, 계산도 간편했다.

이 새로운 시스템은 단숨에 사람들의 관심을 끌었다. 직접 주문하지 않아도 되는 간편함, 쇼처럼 보는 재미, 빠른 회전율과 합리적 가

격까지. 스시는 더 이상 고급 요리만이 아니었다. 누구나, 언제든지, 원하는 만큼 즐길 수 있는 음식이 되었다.

결정적인 계기는 1970년 오사카 엑스포(EXPO '70)였다. 세계박람회에 등장한 회전 초밥은 국내외 관람객의 폭발적인 반응을 얻으며, 일본 전역에 퍼져나갔다. 이후 1980년대부터는 미국, 유럽, 아시아 등 전 세계로 수출되며, 스시의 대중화를 견인했다.

시라이시 요시아키는 '움직이는 초밥'이라는 발명으로 식문화의 새로운 장을 열었다. 그가 만들었던 초기 회전 초밥 기계는 지금도 일본 식문화 박물관에 보존되어 있으며, 그의 가게 '겐로쿠즈시'는 여전히 오사카에서 운영 중이다.

캘리포니아 롤, 미국에서 태어난 '글로벌 스시'의 시작

1963년, 미국 로스앤젤레스의 리틀도쿄. 당시 리틀도쿄에 자리했던 일본식 연회장 '동경회관(Tokyo Kaikan)'은 현지 일본 커뮤니티와 미국 손님들이 자주 찾던 고급 레스토랑이었다. 이곳의 초밥 바에서, 동경회관의 오너 오다카 다이키치로(小高大吉郎)는 자신의 고민을 스시 장인 마시타 이치로(真下一郎)에게 털어놓는다.

"미국인들은 날생선을 꺼리니, 뭔가 대체할 수단이 없을까?"

마시타는 고민 끝에 타라바게니(킹크랩)의 다리 살에 아보카도와 마요네즈를 곁들여, 김과 밥으로 감싼 새로운 형태의 마키스시를 고안한다. 김에 익숙하지 않은 미국 손님들을 배려해 밥을 바깥으로, 김을 안으로 말아낸 '역(裏)마키' 형식으로 만든 이 롤은 곧바로 손님들 사이에서 인기를 끌었다.

이 새로운 롤은 이내 '캘리포니아 롤'이라는 이름으로 불리기 시작했다. 아보카도, 크랩, 마요네즈라는 조합은 기존 스시에 익숙하지 않던 미국인들의 입맛을 사로잡았고, 1980년대에 접어들며 미국 전역의 일식당에서 표준 메뉴로 등장하기 시작했다.

세계에서 가장 긴 초밥 롤, 일본에서 탄생하다!

2016년 11월 20일, 일본 구마모토현 다마나 시(Tamana City)에서는 세계를 깜짝 놀라게 할 '맛있는 기네스 기록'이 탄생했다. 바로 2844.61미터에 달하는 세계에서 가장 긴 초밥 롤이 만들어진 것이다.

이 어마어마한 프로젝트는 '다마나 오타와라 페스티벌 실행위원회'가 주도했으며, 무려 약 400명의 자원봉사자가 참여해 하나의 기다란 스시 롤을 만들어냈다. 그 길이는 올림픽 트랙 7바퀴 이상, 에펠탑 7개를 눕혀도 모자라지 않을 정도였다. 초밥은 전통적인 방식으로 김, 밥, 채소를 이용해 손으로 정성스럽게 말아 완성되었으며, 말 그대로 '길고 아름다운' 스시였다.

15. 찌고 삶고 튀기며

– 만두의 탄생 이야기

만두의 기원에 관해 이야기할 때 자주 언급되는 전설 속 인물은 바로 삼국지의 지략가, 제갈량(諸葛亮)이다. 전해지는 이야기로는, 그가 남쪽으로 출정하던 중 급류에 빠져 희생된 병사들의 넋을 위로하기 위해 인신 제물을 바쳐야 한다는 현지의 풍습을 듣게 되었다고 한다. 그러나 사람을 제물로 바칠 수는 없었던 제갈량은, 밀가루 반죽 안에 고기와 향신료를 넣고 사람의 머리 모양처럼 둥글게 만들어 이를 대신 바쳤다. 이 '가짜 머리' 음식은 '만두(饅頭)'라는 이름으로 불리게 되었고, 이것이 훗날까지 이어져 오늘날의 만두로 발전했다는 것이다.

물론 이 이야기는 전설에 불과할지도 모른다. 하지만 실제로도 만

두는 실용적인 조리법에서 비롯되었을 가능성이 크다. 과거에는 음식 보관이 어려웠고, 조리 도구도 지금처럼 발달하지 않았다. 그런 상황에서 고기나 채소를 밀가루 반죽으로 감싸서 찌거나 삶는 방식은 간편하고 영양가 높은 한 끼가 되었다. 이러한 특성 덕분에 만두는 유목민이나 병사들 사이에서 빠르게 퍼지었고, 휴대성과 보온성이 뛰어난 생존 음식으로 주목받았다.

이후 만두는 중국 전역은 물론, 주변 나라와 유럽까지 퍼지며 현지화된 음식으로 진화한다. 한국에서는 찐만두, 군만두, 김치만두, 갈비 만두 등 다양한 종류가 생겨났고, 명절이나 겨울철에 따뜻한 떡 만둣국으로 사랑받았다. 일본에서는 만두가 교자(餃子)라는 이름으로 불리며 얇은 피와 구운 조리법이 특징이 되었고, 러시아에서는 펠메니(pelmeni)라는 이름으로 작고 쫀득한 고기만두로 발전했다. 이탈리아의 라비올리(ravioli), 터키의 만티(manti), 네팔의 모모(momo)도 모두 속을 채운 반죽이라는 구조를 공유한다. 이처럼 '속을 채운 음식'은 인류가 자연스럽게 발명해낸 요리 방식이자, 각 지역의 식자재와 문화를 반영한 음식의 국제어가 된 것이다.

펠메니

조선의 '고기만두'엔 만두피가 없었다.

우리가 흔히 떠올리는 '고기만두'는 투명한 당면, 푸짐한 고기소, 쫄깃한 만두피가 어우러진 현대식 음식이다. 하지만 조선 시대 사람들에게 '고기만두'는 전혀 다른 의미를 지녔다. 놀랍게도, 그 이름처럼 진짜 고기만으로 만든 요리였다.

조선 후기의 대표적인 여성 실용서인 『규합총서』(1809)에는 흥미로운 만두 레시피가 등장한다. 해당 기록에 따르면, 쇠고기나 돼지고기를 곱게 다져 파, 마늘, 생강 등으로 양념한 뒤, 그것을 동그랗게 빚어 찌는 방식이었다. 즉, 오늘날의 만두처럼 '밀가루 반죽(만두피)'에 싸는 과정은 없었다. 이러한 형태의 만두는 현대인에게는 완자, 혹은 떡갈비와 유사하게 느껴질 수 있다. 그러나 당시에는 이 찐 고기 요리를 분명히 '고기만두'라고 불렀다.

남쪽 만두 한 그릇이 된 희망

2017년 11월 13일, 북한 병사가 판문점 공동경비구역(JSA)을 향해 무모한 도주를 시작했다. 그는 차를 타고 군사분계선까지 접근한 후, 적의 사격을 받으며 군사분계선(MDL)을 뛰어넘었고, 결국 국군 병력의 구조로 국군수도병원에 긴급 이송되었다. 병사는 신속한 수술을 통해 생명을 구했고, 치료 후 의식을 회복한 자리에서 뜻밖의 소망을 밝혔다. "남쪽 만두가

그렇게 맛있다더라. 꼭 먹어보고 싶었다"라는 말이었습니다. 이 발언은 병원 의료진을 비롯한 언론을 통해 널리 알려졌다.

차와 함께 태어난 한 입의 예술 - 딤섬

딤섬(Dim Sum)은 세계인에게 사랑받는 중국식 간식 요리지만, 그 기원은 단순한 요리가 아닌 차 문화에서 파생된 오랜 전통에 뿌리를 두고 있다. 오늘날 수백 가지 종류로 발전한 이 작고 섬세한 음식은, 광둥 지역에서 시작되어 전 세계로 퍼져나가며 한입 크기의 예술로 불리게 되었다.

딤섬이라는 단어는 중국어로 '點心(점심)'이라 쓰며, 본래 '마음을 가볍게 채운다.'라는 뜻을 담고 있다. 이는 곧 이 음식이 배를 채우기보다는 차를 마시는 중간중간 간단히 곁들이는 간식이었음을 암시한다.

딤섬의 뿌리는 기원후 3세기경 중국 남부의 차 마시는 문화(얌차·飮茶)로 거슬러 올라간다. 차를 즐기던 사람들이 허기를 달래기 위해 간단한 음식을 함께 곁들이기 시작하면서, 작

고 다양한 모양의 간식류가 발전했고, 이것이 훗날 딤섬으로 이어지게 되었다.

광둥식 딤섬은 종류와 형태에서 엄청난 다양성을 지니고 있다. 새우가 들어간 투명한 만두인 하가우(蝦餃), 노란 얇은 껍질에 고기와 해산물을 넣은 시우마이(燒賣), 돼지고기를 넣은 찐빵 형태의 차슈바오(叉燒包), 연잎에 싸서 찐 찹쌀밥 요리, 그리고 디저트류의 에그타르트(蛋撻) 등 그 종류는 수백 가지에 이르며, 한 끼 식사보다는 다채로운 맛의 경험에 가깝다.

16. 세상에서 가장 맛있는 구멍

– 도넛

카페에서 커피 한 잔과 함께 곁들이는 도넛. 달콤하고 바삭한 이 둥근 간식은 이제 우리 삶의 자연스러운 일부가 되었지만, 도넛의 역사는 뜻밖에도 오래된 유럽에서 시작된다.

16세기 네덜란드 사람들은 '올리보렌(oliebol)', 즉 '기름진 공'이라 불리는 작은 튀김 반죽을 만들어 먹었다. 밀가루에 건포도나 사과 조각을 섞어 기름에 튀기고, 그 위에 설탕을 뿌리는 방식이었다. 이 간단하면서도 든든한 겨울 간식은 결국 바다를 건너 신대륙으로 전해졌다. 네덜란드 이민자들이 오늘날의 뉴욕, 그 당시 '뉴암스테르담'에 정착하면서 함께 가져온 것이다.

도넛의 진짜 혁신은 19세기 중반 바다 위에서 이루어졌다고 전해진다. 1847년, 미국의 젊은 선원 한슨 그레고리는 선상에서 튀긴 빵을 먹다가 속이 익지 않은 것을 보고 고민에 빠졌다. 그는 양철 깡통 뚜껑을 이용해 반죽 가운데를 뚫고 튀겨보았고, 놀랍게도 그 방법은 더 빠르고 균일하게 익는 완벽한 도넛을 탄생시켰다. 그레고리는 훗날 "세상에서 가장 유용한 구멍을 만든 사람"이라는 별명까지 얻는다.

그로부터 약 1세기가 지난 1948년, 도넛은 다시 한번 커다란 도약을 맞이한다. 미국 매사추세츠주 퀸시(Quincy)에서 빵집을 운영하던 윌리엄 로젠버그(William Rosenberg)는 매일 아침 출근길에 커피와 도넛을 사려는 사람들로 북적이는 모습을 보며 한 가지 아이디어를 떠올린다.

"왜 사람들은 커피는 여기서 사고, 도넛은 저기서 사지?"

이 단순한 의문에서 시작된 그의 아이디어는 곧 'Dunkin' Donuts'라는 전설적인 브랜드로 이어진다. 그는 도넛을 커피에 푹 적셔 먹는 사람들을 관찰하며, 'Dunk(적시다)'라는 단어에서 브랜드 이름을 착안했다. 첫 매장은 단출했지만, 고작 5센트짜리 커피와 도넛 몇 종류만으로도 손님들의 발길은 끊이지 않았다.

최초의 던킨도너츠 건물

윌리엄은 재빨리 '표준화된 레시피', '깔끔한 매장 디자인', '프랜차이즈화'라는 당시로선 혁신적인 전략을 도입했다. 특히 그는 "언제나 갓 만든 도넛 52종류를 제공한다."라는 철칙을 세웠다. 이 전략은 대성공을 거두었고, 1955년에는 첫 번째 프랜차이즈 매장이 문을 열었다.

이후 던킨도너츠는 전 세계로 뻗어 나가며 단순한 '빵집'이 아닌, 도넛과 커피 문화의 아이콘이 된다. 브랜드는 시대 흐름에 맞춰 점차 간소화된 로고로 바뀌었고, 2019년부터는 이름에서 'Donuts'를 떼어내고 'Dunkin'이라는 간단한 이름으로 커피 브랜드로서의 정체성을 강화했다.

이 따뜻한 추억은 전쟁이 끝난 후에도 미국 사회에 깊은 인상을 남겼고, 도넛은 국민 간식으로 빠르게 자리 잡았다.

1차 세계대전 전장에서 피어난 따뜻한 용기
- '도넛 걸(Doughnut Girls)'의 이야기

1917년, 유럽 전선은 총성과 포연으로 뒤덮여 있었다. 추위와 공포, 그리고 끝없는 참호 속에서 싸우던 미군 병사들에게 예상치 못한 따뜻한 위로가 도착한다. 그것은 다름 아닌, 따끈한 도넛 한 개였다.

이 따스한 도넛을 만들어 나눠준 이들은 바로 '도넛 걸(Doughnut Girls)'로 불리는 여성 자원봉사자들이었다. 미 육군과 함께한 국제구세군(The Salvation Army)의 여성 회원들은 총칼 대신 앞치마와 조리 도구를 들고 전장 한복판에 뛰어들었다. 그들은 포탄이 떨어지는 야전 텐트 안에서도 도넛 반죽을 하고, 기름을 데워 도넛을 튀겨냈다.

이들이 사용한 조리 도구는 제한적이었고, 기름 한 병과 밀가루 몇 자루뿐인 열악한 상황에서도 하루 수백 개의 도넛을 만들어냈다.

세상에서 가장 맛있는 구멍

그들의 손에서 튀겨진 도넛은 단순한 음식이 아니었다. 고향의 맛, 어머니의 손길, 그리고 "당신은 혼자가 아니다"라는 조용한 메시지가 담긴 작은 선물이었다.

갓 튀겨진 도넛, 자동으로!

1920년대 뉴욕. 도넛의 고소한 냄새가 거리 곳곳을 물들이던 시절, 사람들은 줄을 서서 기다려야 겨우 도넛 한 개를 맛볼 수 있었다. 이때 등장한 한 발명가가 도넛의 운명을 바꾸게 된다.

그의 이름은 아돌프 레비(Adolph Levitt). 러시아 출신의 유대계 이민자였던 그는 뉴욕 할렘에서 작은 빵집을 운영하며 살아가던 중, 사람들의 도넛 사랑이 점점 커지는 것을 목격했다. 하지만 수작업으로 일일이 도넛을 만들다 보니, 수요를 감당하기는 어려웠다.

"고객들은 기다리는 걸 싫어하죠. 도넛이 빨리 나와야 해요."

레바는 고민 끝에 '자동 도넛 기계(Auto Doughnut Machine)'를 발명했다. 이 기계는 반죽을 자동으로 튀김기에 떨어뜨리고, 튀긴 후 자동으로 뒤집어 나오는 일련의 과정을 모두 처리해주는 놀라운 장치였다. 게다가 그는 이 기계의 제작 과정을 창문 밖에서도 볼 수 있도록 설계했다. 덕분에 행인들은 갓 튀겨져 나오는 도넛을 눈앞에서 직접 구경할 수 있었고, 이 시연은 마치 거리 공연처럼 화제를 모았다.

세상에서 가장 맛있는 구멍

미국-일본 듀오, 102.5kg 핑크 도넛 케이크로 세계 기록 경신

도넛 하나로 세계 기록을 바꾼 이들이 있다. 2023년 9월, 미국의 셰프 닉 디지오반니(Nick DiGiovanni)와 일본 출신 유튜버이자 요리 크리에이터 린다 데이비스(Lynn Davis, 'Lynja')가 힘을 합쳐 만든 거대한 도넛 케이크가 기네스 세계 기록에 등재되었다.

두 사람이 만든 도넛 케이크의 무게는 무려 102.5kg. 이는 일반적인 도넛 약 1,500개 분량에 해당하는 중량이다. 이 엄청난 크기의 도넛은 미국 내 한 대형 푸드 스튜디오에서 제작되었으며, 최소 30cm 높이를 충족하고, 정해진 규격과 기준을 맞추기 위해 약 8시간에 걸쳐 완성됐다.

비록 일반적인 튀긴 도넛과는 달리, 이 작품은 대형 케이크를 도넛 모양으로 가공한 형태였다. 하지만 모양, 재료 구성, 완성 규격에서 도넛의 정의를 충족했기에 "세계에서 가장 큰 도넛"이라는 타이틀을 정식으로 인정받았다. 도넛 표면은 반짝이는 핑크색 글레이즈로 코팅되어, 시각적 임팩트 또한 극대화됐다.

단팥 속의 역사 – 앙꼬빵

한입 베어 물면 퍼지는 달콤한 팥소. 겉은 부드러운 밀가루 빵, 속은 진한 단팥으로 가득 찬 '앙꼬빵'은 오랜 세월 한국인의 입맛을 사로잡아 온 대표 간식이다. 그러나 이 단순해 보이는 빵에는, 동서양의 만남과 격동의 시대사가 녹아 있다.

앙꼬빵의 원형은 1874년 일본 도쿄 우에노의 화과자점 '긴카도(銀花堂)'에서 시작됐다. 당시 일본은 메이지 유신 이후 서양 문물을 적극적으로 수용하고 있었고, 프랑스식 하드브레드 등 유럽 빵이 처음 유입되던 시기였다.

하지만 일본인의 입맛에는 서양 빵이 잘 맞지 않았다. 이를 극복하기 위해 빵 안에 전통 디저트 재료였던 단팥소(앙꼬, あんこ)를 넣는 시도가 이루어졌고, 그 결과물이 '앙팡(あんパン)'이었다. 이 앙팡은 메이지 천황이 직접 먹고 극찬하며 '황실 납품 빵'이 되었고, 이후 일본 전역으로 퍼지며 대중적인 사랑을 받았다.

1920년대, 군산 대화정에 자리한 일본 화과자점 '이즈모야'는 일본식 목조건물 형태로 시작한 소규모 제과점이었다. 당시 이즈모야는 전등조차 켤 수 없을 정도로 발전이 미비한 시절, 장작불과 간이 화덕에서 과자를 팔았던 최초의 제과점 중 하나였다.

이즈모야의 주인은 야스타로라는 일본인으로, 조카 겐이치를 도쿄에 유학 보내 서양식 제빵 기술을 익히게 했고, 동생 스케지로와 함께 단팥빵, 크림빵, 케이크 등을 시작했습니다. 이후 밀가루는 군산 현지에서 조달하고, 설탕과 버터, 초콜릿 등의 부재료는 일본 메이지 제과를 통해 공급되며 사업을 확장해 나갔습니다.

1945년 광복 직후, 일본인이 운영하던 이즈모야는 조선인에게 인수된다. 이때부터 이곳은 '이성당(李盛堂)'이라는 이름으로 새롭게 시작되며, 한국 최초의 제과점으로 알려지게 되었다.

현재 이성당 내부

이성당은 해방 이후부터 1950~60년대까지 '이 과자점', '이성당 빵집', '아이스케키집' 등 다양한 별칭으로 불리며, 단팥죽과 꿀단지, 팥빙수 등을 제공해 세대별로 사랑받았다. 1970년대 이후에도 이성당은 단팥빵과 야채빵으로 꾸준한 인기를 이어가며, 군산을 넘어 전국으로 유명해졌다.

바게트, 한 나라의 일상이 된 막대기 빵의 역사

아침 햇살 아래, 파리의 작은 골목을 걷다 보면 종이봉투에 길게 삐죽 튀어나온 빵 하나를 들고 가는 사람들을 쉽게 볼 수 있다. 바게트. 프랑스를 상징하는 이 길쭉한 빵은 단순한 음식이 아니라, 한 나라의 생활과 문화, 그리고 역사적 진화를 품은 일상의 조각이다.

바게트는 처음부터 지금의 모습으로 태어나지 않았다. 그 기원은 19세기 중반, 오스트리아 장교 출신의 오귀스트 짜앙이 파리에 오스트리아식 빵집을 열며 시작된다. 그는 프랑스에 증기 오븐이라는 신기술을 소개했고, 이로 인해 겉은 바삭하고 속은 부드러운 유럽풍 빵이 탄생했다. 이 기술적 기반 위에서 바게트의 전신이 형성되기 시작했다.

하지만 바게트가 대중적인 빵으로 자리 잡게 된 데에는 의외의 사회적 요인들이 개입한다. 1920년 프랑스에서 제정된 노동법은 제빵사가 새벽 4시 이전에는 일할 수 없도록 규정했는데, 전통적인 둥근 빵은 이 제한된 시간 안에 준비하기 어려웠다. 그래서 더 빠르게 굽고, 더 간편하게 나눌 수 있는 길쭉한 빵, 즉 바게트가 점점 대중화되기 시작한 것이다. 기술이 만든 빵 위에, 법이 모양을 새긴 셈이다.

여기에 더해진 것은 '사람'의 이야기다. 20세기 초 파리 지하철 공사 현장에서, 노동자들 간의 싸움이 잦아지자 현장 감독이 "칼을 들고 다니지 않아도 되는 빵을 만들어 달라"고 제빵사에게 부탁했다는 전설 같은 이야기도 있다. 그래서 손으로 뜯기 쉬운 빵, 바게트가 등장했다는 설은 사실 여부를 떠나 바게트가 지닌 사회적 의미를 상징적으로 보여준다.

'Baguette'라는 이름은 본래 '막대기'를 뜻하는 프랑스어다. 처음엔 단순히 모양을 묘사하는 단어였겠지만, 어느새 이 이름은 프랑스인의 식탁과 정신을 상징하게 되었다. 바게트는 단지 빵이 아니라, 매일매일 빵집에 들러 갓 구운 것을 고르는 습관이고, 가족과 나누는 식사의 중심이며, 때로는 거리에서 갓 찢어 먹는 작은 행복이다. 그리고 2022년, 바게트는 유네스코 무형문화유산에 등재되었다. 막대기 모양의 빵이, 결국 세계가 인정한 문화가 된 순간이었다.

17. 달콤한 실수에서 탄생한 세계적인 간식

- 초코칩 쿠키

전 세계에서 하루에도 수백만 개씩 소비되는 과자, 초코칩 쿠키. 바삭한 쿠키 안에 박힌 작은 초콜릿 조각은 단순한 간식을 넘어, 달콤한 위로와 추억의 상징이 되었다. 하지만 이 인기 간식은 완벽한 레시피로 나온 것이 아니라, 단순한 실수에서 시작됐다.

1930년대 미국 매사추세츠주 휘트먼(Whitman)이라는 작은 마을. 그곳에서 '톨 하우스 인(Toll House Inn)'이라는 여관을 운영하던 여성 루스 웨이크필드(Ruth Wakefield)는 손님들에게 디저트를 내기 위해 늘 쿠키를 직접 구웠다.

어느 날, 그녀는 늘 만들던 초콜릿 쿠키의 핵심 재료인 제빵용 초콜릿(녹는 초콜릿)이 떨어진 것을 발견했다. 급한 대로 손에 잡힌 네슬레 바(semisweet Nestlé chocolate bar)를 잘게 잘라 반죽에 넣었다. 루스는 그것이 반죽 속에서 고루 녹아 들어갈 것으로 생각했다.

하지만 오븐에서 꺼낸 쿠키는 예상과 달랐다. 초콜릿은 녹아들지 않고 조각 상태로 남아 있었고, 쿠키 전체에 퍼져 있지 않았다. 그런데, 놀라운 건 그 쿠키가 기가 막히게 맛있었다는 것이다.

루스의 '초코칩 쿠키'는 곧 여관의 인기 메뉴가 되었고, 소문은 빠르게 퍼졌다. 특히 그녀가 사용한 초콜릿 브랜드인 네슬레(Nestlé)에도 이 소식이 전해졌다. 네슬레는 즉시 그녀에게 제휴를 제안했고, "레시피를 포장지에 인쇄하는 대신, 루스에게 평생 무료 초콜릿을 제공한다."라는 계약을 체결했다. 그리하여 1939년, 네슬레는 최초로 '초코칩(chocolate chips)' 형태로 제조된 제빵용 초콜릿을 출시한다. 초코칩 쿠키의 대중화가 시작된 순간이었다.

초코칩 쿠키는 이후 미국 가정의 필수 디저트로 자리 잡았고, 전쟁 중 미군 식량에도 포함되며 세계 각국에 퍼졌다. 1960년대 이후로는 대형 제과 브랜드들이 이 쿠키를 대량 생산하기 시작하며, 오늘날 홈메이드와 공장제 쿠키를 가리지 않고 사랑받는 대표적인 스낵이 되었다.

고대 페르시아 화덕에서 오늘날 홈베이킹까지 - 쿠키의 역사

쿠키는 단순한 간식이 아니다. 작고 바삭한 이 한 조각에는 인류의 입맛, 문화, 기술, 그리고 창의성이 켜켜이 녹아 있다. 그 기원은 무려 기원전 7세기, 고대 페르시아로 거슬러 올라간다. 인간이 불을 다루고, 꿀과 곡물, 견과류를 섞어 구워낸 작은 과자들. 그저 '빵'이던 것이 어느 순간부터 '달콤한 즐거움'이 되었다.

기원전 7세기 페르시아인들은 꿀과 견과, 곡물을 이용해 만든 달콤한 과자를 고온 화덕에서 구워 먹기 시작했다. 이것은 단순한 음식이 아니었다. 영양과 맛, 기술이 결합한 초기 제과의 형태였고, 인류가 간식을 만드는 법을 터득한 첫 순간이었다.

9세기에서 11세기 사이, 이슬람 세계는 설탕과 향신료의 중심지였다. 계피, 생강, 카르다몸, 견과류가 어우러진 향신료 쿠키들은 십자

군 전쟁 이후 유럽으로 전파되었고, 귀족층을 중심으로 널리 퍼져나 갔다. 이 작은 쿠키는 이국적인 풍미를 담은, 부의 상징이자 특별한 사치품이 되었다.

14세기에서 15세기, 유럽에서는 '비스킷(biscuit)', 즉 '두 번 구운 빵'이 등장했다. 이름 그대로 보존성을 높이기 위해 두 번 구운 이 과자는 항해와 전쟁의 필수품이자, 민중이 즐길 수 있는 값싼 간식으로 확산되었다. 단단하고 오래가는 이 비스킷은 실용성과 풍미를 모두 갖춘 당대 최고의 '패키지 식품'이었다.

1600년대, 네덜란드어 'Koekje'(작은 케이크)가 '쿠키(cookie)'라는 영어 단어의 어원이 된다. 미국으로 이주한 네덜란드인들은 이

단어와 함께 자신들의 제과 문화를 전했고, 북미 대륙에서 쿠키라는 이름이 본격적으로 사용되기 시작했다. 이 시기에는 설탕 쿠키와 진저브레드(생강빵) 쿠키, 그리고 크리스마스를 상징하는 진저브레드 맨 인형도 등장했다.

18~19세기, 미국에서는 쿠키가 가정의 일상으로 들어온다. 유럽식 비스킷은 부드러운 빵류를 의미하게 되었고, '쿠키'는 바삭하고 달콤한 디저트로 정착되었다. 설탕 쿠키, 땅콩버터 쿠키, 오트밀 쿠키가 주방에서 직접 구워지기 시작했고, 이는 오늘날 홈 제빵 문화의 뿌리가 되었다.

'진저브레드 맨' 동화의 기원과 숨은 이야기

"날 잡아봐! 날 잡아봐! 아무도 날 못 잡아! 난 생강빵 사람이거든!" 이처럼 씩씩하게 외치며 달리는 한 조각의 쿠키, '진저브레드 맨 (생강빵 사람)(Gingerbread Man)'은 단순한 어린이 동화를 넘어 전 세계 아이들에게 익숙한 문화 아이콘이다. 하지만 이 귀여운 생강빵 캐릭터의 기원은 생각보다 오래되었고, 결말은 꽤 씁쓸하다.

진저브레드 맨은 처음부터 그렇게 불린 것은 아니다. 이 이야기가 처음 세상에 모습을 드러낸 것은 1875년 5월, 미국의 아동 잡지 <St. Nicholas Magazine>에서였다. 당시 제목은 'The Gingerbread Boy', 즉 '생강빵 소년'이었고, 익명의 기고자가 "가정부가 들려준 이야기"라고 서문에 소개하며 등장했다.

15년 뒤, 1890년 영국에서 출간된 『English Fairy Tales』에는 이와 유사한 줄거리를 지닌 'Johnny-Cake'라는 이름의 캐릭터가 등장한다. 이름은 달랐지만, 구운 빵이 갑자기 살아나 도망치는 구조는 동일했다. 이후 '진저브레드 맨'이라는 이름이 일반화되며 오늘날까지 이어지게 된다.

이 동화의 줄거리는 단순하지만 강한 리듬감을 지닌다. 노파가 구운 생강빵이 오븐에서 살아나 도망치고, 노파와 노인, 농부, 말, 돼지, 닭 등 온갖 사람과 동물들이 그를 쫓는다. 하지만 생강빵은 언제나 외친다.

"난 생강빵 사람이야! 아무도 날 못 잡아!"

결국, 그는 강을 만나 멈칫하고, 이때 나타난 교활한 여우가 그를 등에 태워 건네게 해준다. 그러나 여우는 점점 그를 머리 위, 코 위로 유도하며 결국 한입에 꿀꺽 삼켜버린다.

이 결말은 버전에 따라 다소 차이가 있다. 여우가 청력을 핑계로 가까이 오게 한다든지, 생강빵이 자만심에 빠져 뒤를 돌아본 순간 잡힌다든지, 혹은 드물게 악어가 등장하는 이야기까지 존재한다.

한국에서는 이 이야기가 '생강빵 사람', '도망가는 빵', 혹은 '생강빵 아이' 등의 이름으로 번역되어 소개되며, 최근에는 영어 원서를 그대로 제목에 함께 적어 'The Gingerbread Man'으로도 알려져 있다. 애니메이션, 유아극, 그림책, 그리고 유아용 영어 학습 자료로도 꾸준히 활용 중이다.

이 동화의 인기로 인해 '진저브레드 맨'은 동화 속 존재를 넘어 현실 세계의 쿠키 디자인, 크리스마스 장식, 마스코트 캐릭터로도 자리 잡았다. 특히 애니메이션 영화 <슈렉> 시리즈에 등장하는 '진지(Gingy)'라는 캐릭터는 이 동화의 변주 중 가장 대중적으로 성공한 사례다. 심지어 진저브레드 맨은 2009년 노르웨이에서 651kg의 세계 최대 진저브레드 맨 쿠키로 탄생해 기네스 기록을 세우기도 했다.

초콜릿 칩 쿠키, 매사추세츠의 '공식 주 쿠키'가 되다

매사추세츠주 휘트먼(Whitman)에 있었던 작은 여관, 톨 하우스 인(Toll House Inn)에서 탄생한 초콜릿 칩 쿠키는 매사추세츠주의 자부심이 되었다. 특히 브록턴(Brockton)과 스톤햄(Stoneham) 지역의 초등학생들이 쿠키를 주 쿠키로 지정해 달라며 주 정부에 청원을 올렸고, 이 귀여운 시민 참여는 실제 입법으로 이어졌다. 1997년, 매사추세츠 주의회는 공식적으로 초콜릿 칩 쿠키를 주 공식 디저트(cookie of the Commonwealth)로 지정했다.

오늘날에도 매사추세츠를 방문하는 관광객 중 상당수는 초콜릿 칩 쿠키의 탄생지를 찾아간다. 실제 톨 하우스 인은 현재는 사라졌지만, 그 터에는 기념 표석이 세워져 있고, 'Toll House' 브랜드는 여전히 초콜릿 칩과 쿠키 믹스를 통해 그 전통을 이어가고 있다.

슈렉 시리즈 속 달리는 쿠키, 진저브레드맨 '진지(Gingy)'의 활약상

2001년, 드림웍스 애니메이션의 야심작 《슈렉(Shrek)》이 개봉하자마자 전 세계는 초록 괴물의 기상천외한 동화 패러디에 열광했다. 그리고 그 안에서 짧지만 강렬한 등장으로 팬들의 마음을 사로잡은 조연이 있었다. 바로 살아 움직이는 생강빵 인형, 진저브레드맨 '진지(Gingy)'였다.

진지는 《슈렉 1》에서 로드 파쿼이드(Lord Farquaad)의 고문실에서 처음 등장한다. 작고 귀여운 외모에 어울리지 않게, 진지는 반항적이고 재치 넘치는 태도로 고문관에게 대든다. 그는 자신의 다리를 잃은 채 책상 위에 붙잡혀 있지만, 이를 두려워하지 않고 외친다.

"내 젤리 단추만은 안 돼! (Not the gumdrop buttons!)"

이 대사는 이후 시리즈를 통틀어 가장 유명한 대사 중 하나로, 팬들 사이에서 밈(meme)으로도 자리 잡았다.

지름 30 미터, 무게 18톤! 세계 최대 초콜릿 칩 쿠키의 탄생기

2003년 5월 17일, 미국 노스캐롤라이나주의 한 마을 플랫 록(Flat Rock)에는 놀라운 풍경이 펼쳐졌다. 한가운데 거대한 쿠키 한 조각이 아니라, 지름이 30미터에 달하는 초대형 초콜릿칩 쿠키 전체가 등장한 것이다. 이 믿기 어려운 기록은 Immaculate Baking Company가 도전한 초유의 프로젝트로, 지금까지도 기네스 세계 기록상 '세계에서 가장 큰 쿠키'로 남아 있다.

Immaculate Baking은 땅 위에 펄라이트(열 절연용 토양 소재), 알루미늄 시트, 폴리에스터 필름을 차례로 깔고, 그 위에 반죽을 펼쳤다. 그리고 20여 개의 고온 히터를 활용해 177도의 온도를 유지하며 약 10~12시간에 걸쳐 쿠키를 천천히 구워냈다. 현장에서 구워진 쿠키는 지름 약 30.7m로 측정되었고,

무게는 약 18톤. 이전의 모든 기록을 가볍게 뛰어넘었다.

18. 불완전한 기계에서 튀어나온 간식

- 치토스

세상에는 손에 가루를 묻히는 간식이 있다. 그리고 그 가루가 묻는 것조차 사랑받는 간식도 있다. 치토스(Cheetos). 한 줌만 집어도 손가락이 주황색으로 물들고, 그 손가락마저 핥게 만드는 마성의 과자. 그러나 이 매혹적인 간식의 시작은 그리 매끈하지 않았다. 오히려, 그것은 '실수'였고, 전쟁이 낳은 우연이었다.

1940년대 말, 전쟁이 끝난 미국의 군수 공장들은 방향을 잃고 있었다. 포탄과 건조 식량을 만들던 기계는 멈춰 섰고, 그 안에서 일하던 기술자들은 새로운 길을 모색했다. 그중 한 명이었던 찰스 엘머 둘린(Charles Elmer Doolin)은 '먹을 것'에 주목했다. 그는 이미 '프리토스(Fritos)'라는 옥수수 스낵을 만들었고, 새로운 아이디어를 찾고 있었다.

그날도 그는 실험 중이었다. 옥수숫가루에 물을 섞어, 군용 압출

기계에 넣어봤다. 기계가 돌고, 열이 오르고, 갑자기,

퍽!

치익—

기계 끝에서 수상한 덩어리가 튀어나왔다.

형태는 이상했고, 질감은 낯설었다. 그 덩어리를 기름에 튀기고, 치즈 파우더를 뿌려 먹어보았다. 그리고 마법은 시작되었다. 이 작은 튀김 덩어리는 이름도 정체도 없던 실험 결과물이었다. 그러나 그 안에는 전후 미국인의 입맛, 기술, 유머, 탐험 정신이 함께 녹아 있었다. 그는 이 스낵에 '치즈(Cheese)'와 '토스트(Toasted)'를 결합해 'Cheetos'라 이름 붙였고, 1948년, 치토스는 세상에 처음 등장했다.

하지만 이 이야기는 여기서 끝나지 않는다. 몇십 년 후, 또 한 명의 우연한 발명가가 등장한다. 그는 엔지니어도, 과학자도 아닌 멕시

코계 미국인 청소부 리처드 몬타네즈였다. 어느 날 그는 남은 치토스를 집에 가져가 멕시코 고춧가루를 뿌려 먹었고, 그 매콤함에 감탄하며 회사에 제안서를 낸다. 그렇게 탄생한 것이 바로 Flamin' Hot Cheetos. 지금은 전 세계 어디에서나 볼 수 있는 '불타는 맛'의 치토스다.

'바삭 → 즉시 녹는' 식감이 뇌를 속인다.

한 봉지 치토스를 뜯었다. 처음엔 "몇 개만 먹자"라고 다짐했지만, 정신을 차리면 손끝은 주황빛 가루로 덮여 있고, 봉지는 이미 비어 있다. 많은 이들이 한 번쯤은 경험했을 법한 이 장면. 단순히 '맛있어서'일까? 아니면 더 복잡한 원리가 숨어 있을까?

과학은 이 질문에 명확한 답을 제시한다. 치토스의 "멈출 수 없는 맛"은 단순한 기호의 문제가 아니다. '칼로리 착시(Caloric Deception)', 혹은 '사라지는 식감의 속임수'라 불리는 뇌 과학적 원리가 개입된 결과다.

치토스는 바삭한 첫 식감으로 입안을 자극하고, 곧바로 녹아 사라진다. 이 '즉시 소멸하는 식감'이 바로 중독성의 핵심이다. 미국 식품과학자들은 이를 'Vanishing Caloric Density', 즉 '사라지는 칼로리 밀도' 현상으로 설명한다.

우리는 보통 음식의 양을 '씹는 느낌', '입안에 머무는 시간'을 통해 인지한다. 그런데 치토스처럼 즉시 녹아버리는 음식은 뇌가 그 존재를 충분히 인식하기도 전에 사라진다. 그 결과, 뇌는 우리가 실제보다 덜 먹었다고 착각하게 되고, 자연스럽게 더 많이 먹도록 신호를 보낸다. 여기에 더해 치토스는 치즈 향, 기름의 고소함, 손에 남는 '치토 가루(Cheetle)' 등 감각적 자극을 연속적으로 제공한다. 이러한 자극은 쾌락 호르몬인 '도파민' 분비를 유도하며, 뇌는 더 많은 보상을 기대하게 된다. 이 과정은 의학적으로 '감각 최적화(Sensory Optimization)' 혹은 '동적 대비(Dynamic Contrast)'라 불리며, 우리가 "또 먹고 싶다"라는 욕구를 느끼도록 정밀하게 설계된 결과물이다.

미국 FDA 전 국장 데이비드 A. 케슬러(David A. Kessler) 박사는 저서 『The End of Overeating』에서 이렇게 설명한다. "치토스 같은 음식은 뇌가 이성을 잃게 만드는 조합이다. 바삭함, 지방, 짠맛, 치즈 향이 동시에 뇌를 자극하고, 그 식감은 너무 빨리 사라져서 뇌는 방어할 틈도 없다."

치토스를 먹고 나면 '배가 부르다'라기보다는 '계속 손이 간다.'라는 느낌이 강하다. 이유는 간단하다. 뇌가 여전히 충분한 섭취를 인식하지 못했기 때문이다. 그래서 일부 식품학자들은 치토스를 비롯한 고지방·고탄수화물 스낵을 '설계된 과식 유도 식품(Engineered Hyperpalatable Foods)'이라 부르기도 한다.

한국 스낵의 시작, 새우깡

우리가 무심코 집어 들고 즐기는 바삭한 과자, 스낵(Snack)은 이제 누구에게나 익숙한 간식이다. 하지만 한국에서 '스낵'이라는 단어가 본격적으로 쓰이기 시작한 건 불과 반세기 전의 일이다. 그리고 그 출발점에는 한 봉지의 바삭한 새우과자, '새우깡'이 있었다.

'스낵'이라는 말은 원래 영어로 가벼운 간식을 의미하지만, 식품산업에서는 더욱 좁은 뜻으로 사용된다. 일반적으로 스낵은 튀기거나 구운 방식으로 제조되어, 짭짤하거나 달콤한 맛을 가진 바삭한 식감의 간편 식품을 뜻한다. 개별 포장되어 이동 중에도 쉽게 먹을 수 있고, 대량 생산과 유통을 할 수 있는 것도 주요한 특징이다. 이러한 기준에 따라 한국에서 처음 등장한 스낵은 1971년 농심이 출시한 '새우깡'으로 평가된다.

1971년 10월 1일, 농심(당시 롯데 공업)은 국산 생새우를 갈아 넣은 반죽을 기름에 튀긴 뒤 바삭하게 말린 새로운 형태의 과자를 출시했다. 이름은 '새우깡'. 제품명 공모를 통해 지어진 이 이름은 '바삭한 소리'를 표현한 의성어이자, 당시로는 생소했던 스낵이라는 개념을 한국인의 정서에 맞게 풀어낸 결과였다.

기존의 사탕이나 비스킷과 달리, 새우깡은 튀긴 스낵 과자라는 완전히 새로운 장르였다. 바다의 풍미를 살린 이 제품은 어린이 간식으로는 물론, 어른들의 맥주 안주로도 빠르게 자리를 잡았다.

새우깡 개발에는 적잖은 모험이 따랐다. 농심은 일본에서 판매되던 새우 스낵을 참고했지만, 이를 그대로 모방하는 대신 전남 고흥산 생새우를 사용해 한국적 원재료로 재해석했고, 생산설비 또한 자체적으로 구축해야 했다. 기름에 튀긴 뒤 건조하는 이중 공정은 당시 국내 과자 제조 공정에서는 전례 없는 일이었다. 이렇게 탄생한 새우깡은 '스낵'이라는 단어조차 익숙하지 않던 한국 시장에 신선한 충격을 주었다.

출시 이후 새우깡은 폭발적인 인기를 끌며 대한민국 스낵 시장의 문을 열었다. 광고 속 "손이 가요 손이 가~ 새우깡에 손이 가요~"라는 CM 송은 당시 어린이들 사이에서 유행처럼 퍼졌고, 오늘날까지 회자하는 대표 슬로건이 되었다.

1971년 새우깡 광고

11월 11일, '빼빼로데이'는 어떻게 시작되었나?

빼빼로의 발명은 일본의 '포키(Pocky)'와 밀접한 관련이 있으며, 한국에서는 1983년 롯데제과에 의해 처음 출시되었다. 빼빼로는 얇고 길쭉한 막대형 과자에 초콜릿을 코팅한 간식이다. 이런 스타일의 과자는 1966년 일본 글리코(Glico) 사가 만든 포키(Pocky)가 원조로 꼽힌다. 포키는 '부러질 때 나는 소리(poki poki)'에서 이름을 따왔다. 이 제품은 일본뿐 아니라 아시아 여러 나라에 영향을 주었고, 한국의 롯데제과도 이 포키를 참고하여 1983년 '빼빼로'(Pepero)라는 이름으로 출시한다.

불완전한 기계에서 튀어나온 간식

11월 11일. 이 숫자 1이 네 개 나란히 선 모양이 어디서 본 듯 익숙하다면, 아마 당신은 이미 그날을 기억하고 있을 것이다. 이 날은 '빼빼로데이'로 불리며, 해마다 친구와 연인, 가족에게 과자를 건네는 현대 소비문화의 상징일로 자리 잡았다.

이 기념일은 과연 어떻게 시작되었을까? 가장 널리 알려진 유래는 1990년대 후반 부산의 한 여중생들 사이에서 시작된 '날씬해지자' 캠페인이다. 학생들은 11월 11일에 빼빼로처럼 말랐으면 좋겠다는 바람을 담아 서로 막대 과자를 주고받았고, 이 문화가 점차 퍼져나갔다는 설이다. 숫자 1이 길쭉한 과자와 닮았다는 발상도 유쾌하다. 다만, 이 이야기에는 구체적인 증언이나 기록이 없어 '도시 전설'에 가깝다는 평가도 뒤따른다. 그러나 이 유래가 단지 입소문에 그치지 않고 전국적인 기념일로 확산한 데에는 분명히 기업의 역할이 컸다. 1983년 '빼빼로'를 출시한 롯데제과는 1997년경부터 본격적으로 '빼빼로데이 마케팅'을 시작하며 11월 11일을 소비자 감성에 호소하는 날로 정착시켰다. 당시 롯데는 "사랑과 우정을 전하는 날"이라는 슬로건 아래, 편의점과 마트를 중심으로 대대적인 판촉 행사를 벌였고, 이후 SNS와 TV CF, 연예인 협찬을 통해 이 문화를 빠르게 확산시켰다.

그 결과, 빼빼로데이는 이제 한국판 밸런타인데이로 불릴 만큼 연례행사로 자리 잡았다. 젊은 세대는 물론이고, 직장 동료 간에도 간단한 선물을 나누는 풍경이 낯설지 않다. 소비자들은 다양한 맛과 디자인의 한정판 제품을 기다리고, 유통업계는 이 하루에 맞춰 수십 종의 신상품을 선보인다.

2024년 11월 11일 롯데 웰푸드(옛 롯데제과)는 미국 뉴욕 타임스 스퀘어에서 빼빼로데이 행사를 진행했다. 미국 최대 지상
파 방송 중 하나인 ABC는 타임스 스퀘어 한복판에서 벌어지는 이색 한국 문화를 취재하기도 했다. 뉴욕 타임스 스퀘어의 중심부인 '파더 더피 스퀘어(Father Duffy Square)'에 마련된 행사장에서는 빼빼로를 직접 맛볼 수 있는 샘플링 공간, 메시지 이벤트존 그리고 특별한 기념사진을 찍을 수 있는 포토존 등이 마련됐다. 메시지 이벤트존에서는 소중한 사람에게 메시지를 남길 수 있도록 꾸며 우정을 주고받는 빼빼로데이 문화를 직접 체험해 볼 수 있도록 했다.

19. 바삭한 반란의 탄생

- 감자칩

감자칩. 세계 어디서나 흔히 접할 수 있는 이 바삭한 간식은, 사실 한 셰프의 짜증 섞인 반항심에서 탄생한 음식이라는 것을 아는 사람은 많지 않다.

1853년, 미국 뉴욕주의 고급 휴양지 서라토가 스프링스(Saratoga Springs)에 위치한 문스 레이크 하우스(Moon's Lake House)라는 레스토랑. 그곳의 주방장이었던 조지 크럼(George Crum)은 어느 날 유난히 까다로운 손님 한 명을 마주한다. 그 손님은 조지의 감자요리에 대해 계속해서 불만을 제기했다.

"너무 두껍군."

"덜 익었어."

"너무 눅눅해!"

결국, 짜증이 폭발한 조지는 일부러 감자를 종잇장처럼 얇게 썰어, 소금을 듬뿍 뿌리고, 기름에 바삭하게 튀겨서, "한번 먹어보시지!"라는 심정으로 다시 내보낸다. 하지만 예상과 달리, 그 바삭하고 얇은 감자 조각은 손님에게 폭발적인 반응을 얻었다. 이후 조지 크럼은 그 요리를 '서라토가 칩(Saratoga Chips)'이라는 이름으로 정식 메뉴에 올렸고, 레스토랑의 명물로 자리 잡는다. 몇 년 후 그는 직접 식당을 열고, 감자 칩을 따로 포장해 판매하기 시작한다. 이것이 바로 오늘날 감자 칩 산업의 출발점이었다.

감자칩의 역사는 단순한 간식 이상의 이야기를 품고 있다. 처음에는 단순한 호기심이나 실험처럼 시작되었지만, 그 얇고 바삭한 조각은 이내 사람들의 입맛을 사로잡았고, 곧 입소문을 타고 미국 동부 전역으로 퍼져나갔다. 20세기가 시작되며 감자칩은 더 이상 '집에서 슬쩍 만들어 보는 튀김 요리'가 아니었다. 1920년대에 접어들자 감자 슬라이서와 자동 튀김기 같은 기계식 설비가 개발되면서 감자 칩은 본격적인 대량 생산 체계에 진입했다.

하지만 감자 칩이 '산업'으로 진화하는 데 있어 결정적인 역할을

한 사람은 의외로 한 여성 사업가였다. 1926년, 캘리포니아의 로라 스카더(Laura Scudder)는 감자 칩이 눅눅해지는 문제를 해결하기 위해 기름종이 봉투에 감자 칩을 밀봉하는 방식을 고안해낸다. 이 단순한 혁신은 유통 기한을 획기적으로 늘렸고, 감자 칩은 이제 먼 거리까지 안전하게 운송될 수 있는 진정한 상품이 되었다.

1930년대와 40년대에 이르러, 감자 칩은 미국 사회 깊숙이 뿌리내리기 시작한다. 제2차 세계대전이 발발하자, 감자 칩은 전쟁터에서 병사들의 간식으로 보급되었고, 바삭한 한 조각이 전장의 고단함을 위로해주는 작은 사치로 기능했다. 전쟁 이후에도 그 인기는 식을 줄 몰랐고, 1950년대에 들어서면서 감자 칩은 산업의 꽃을 피우기 시작한다.

그 시기, Lay's, Herr's, Pringles 같은 브랜드들이 차례로 등장하며 시장을 선도하기 시작했고, 감자 칩은 단지 미국만의 간식이 아니라 전 세계적으로 통하는 '스낵의 아이콘'으로 떠올랐다. 특히 프링글스는 균일한 모양과 깔끔한 원통형 통에 담긴 '공산품 감자칩'의 이미지를 굳히며 스낵의 새로운 시대를 열었다.

우주에서 감자 칩은 금지된 간식

지구에서 가장 대중적인 간식 중 하나인 감자 칩. 하지만 이 바삭한 즐거움은 우주에서는 위험 요소로 분류된다. NASA는 실제로 감자 칩과 같은 부스러기 발생 식품을 국제우주정거장(ISS) 식단에서 철저히 금지하고 있다.

이유는 단순하다. 감자 칩 한 조각이 우주정거장의 시스템을 망가뜨릴 수도 있기 때문이다. 지구에서는 감자 칩을 먹다 부스러기가 떨어져도 청소기로 치우면 그만이다. 그러나 우주에선 상황이 전혀 다르다. 무중력 상태에서는 감자 칩의 작은 부스러기조차도 바닥에 떨어지지 않고 공기 중을 떠다닌다. 이 떠다니는 입자들은 우주선 내부의 환기 장치, 공기 필터, 전자기기 내부로 흘러 들어갈 수 있으며, 심할 경우 단락, 센서 오류, 장비 고장까지 유발할 수 있다. NASA는 이를 "Particle Hazard(입자 위험)"로 규정하고, 감자 칩과 같이 잘 부스러지는 식품을 우주 식단에서 제외하고 있다.

"바삭 소리"가 뇌를 속인다.

감자 칩 한 조각을 입에 넣는 순간, 그 '바삭' 소리는 단순한 식감 이상의 역할을 한다. 실제로, 소리의 크기와 높낮이에 따라 감자 칩의 '맛 평가'가 달라진다는 연구 결과가 발표돼 시선을 끌었다. 이 연구는 "우리가 듣는 소리가 우리가 먹는 맛을 결정한다."라는 새로운 감각 과학의 지평을 연 것이다.

이 놀라운 사실은 영국 옥스퍼드 대학교의 실험심리학자 찰스 스펜스(Charles Spence) 교수가 이끈 연구에서 밝혀졌다. 그는 실험 참가자들에게 같은 프링글스 감자 칩을 180개씩 제공하면서, 칩을 씹을 때 발생하는 소리를 실시간으로 증폭하거나 조절해 들려주었다.

그 결과는 명확했다. 바삭 소리가 클수록 참가자들은 칩이 더 신선하고 바삭하다고 느꼈다. 바삭 소리의 음이 높을수록 더 고소하다는 평가가 증가했다. 같은 칩을 먹었음에도 단지 소리의 변화만으로 평가가 평균 15% 이상 차이가 났다.

스펜스 교수는 이 실험을 통해, 맛이라는 감각이 단지 혀의 감각이나 후각만이 아니라, '청각'과도 밀접하게 연결되어 있음을 증명했다. 이는 '다중감각 통합(Multisensory Integration)'이라는 개념으로, 인간의 뇌는 다양한 감각 정보를 종합해 음식의 '질감'과 '신선함'을 판단한다는 이론에 바탕을 두고 있다.

프렌치 프라이, 그 바삭한 진실

햄버거 옆에 꼭 따라오는 바삭한 감자튀김, 치킨 위에 얹히기도 하고, 케첩과 함께 먹는 최고의 사이드 메뉴. 프렌치프라이(French Fries)는 단순한 사이드가 아닌, 세계인의 입맛을 사로잡은 감자요리의 왕이다. 하지만 이 바삭한 요리가 어디서 처음 만들어졌는지 묻는다면, 답은 생각보다 복잡하다. 프렌치프라이의 기원은 18세기 유럽, 정확히는 오늘날의 벨기에 남부 지역(왈로니아)으로 거슬러 올라간다.

벨기에 측 주장을 보자. 벨기에 남부 아르덴의 세무아 강(Semois) 유역에 살던 어부들은 강에서 잡은 작은 물고기(보통 잉어나 작은 송어류)를 기름에 튀겨 식사로 삼곤 했다. 그러나 겨울이 되면 강이 얼어붙어 물고기를 잡을 수 없게 되었고, 이에 대한 해결책이 필요했다. 그러던 어느 날, 한 어부 가족이 감자를 생선처럼 길쭉하게 썰어 튀기기 시작했고, 예상외로 바삭하고 고소한 맛에 모두가 반하게 되었다. 이 요리는 곧 마을 전체로 퍼졌고, "겨울 생선 대용 식사"로 자리 잡게 된다.

프랑스 측은 파리의 퐁네프 다리(Pont Neuf) 근처에서 1789년 프랑스 혁명 무렵 노점상들이 감자를 튀겨 팔았는데 이것이 '프렌치프라이'가 되었다고 주장한다.

왜 이름은 '프렌치프라이'일까? 아이러니하게도 이 이름을 붙인 건 프랑스도, 벨기에도 아닌 미국이다. 역사는 1차 세계대전 중 벨기에에 주둔하던 미국 군인들에서 시작된다. 당시 벨기에는 이미 오래 전부터 감자를 얇게 썰어 기름에 튀겨 먹는 문화가 자리 잡고 있었다. 이 고소하고 바삭한 음식은 현지인들이 일상처럼 즐기던 간식이었다. 그런데 미국 병사들이 이 튀긴 감자를 처음 맛봤을 때, 그들과 소통하던 벨기에군이 프랑스어를 사용하는 걸 듣고 이 음식이 프랑스 음식으로 생각했다. 그래서 '프렌치프라이'라는 이름이 붙었다.

프렌치프라이는 미국에서 특히 큰 인기를 끌었고, 맥도날드(McDonald's)가 1950년대 이를 표준 메뉴로 정착시키면서 전 세계로 급속히 퍼졌다.

20. 위장병 환자들을 위한 식단

– 시리얼의 탄생

물안개 낀 19세기 말, 미국 미시간주의 작은 마을 배틀크리크. 이곳엔 독특한 요양원이 하나 있었다. 병원이자 수련원이자 실험실 같았던 그곳은, 오늘날 우리가 매일 아침 우유에 말아 먹는 시리얼의 발상지였다. 시리얼은 단순한 아침 식사가 아니었다. 그것은 신념, 건강, 과학, 그리고 형제간의 충돌이 뒤섞여 탄생한, 바삭하고도 드라마틱한 이야기의 산물이다.

요양원을 운영하던 존 하비 켈로그 박사는 독실한 금욕주의자였다. 육식은 위장을 망치고, 자극적인 음식은 인간의 정신을 흐린다는 철학 아래, 그는 환자들에게 고기 없는 식단을 고집했다.

그의 동생 윌 키스 켈로그는 형의 조수이자 실무 담당자였다. 형보다 실용적이고 세속적이었던 그는 형의 이상주의적 실험을 때론 못마땅하게 여겼지만, 말없이 도왔다.

어느 날, 실험 중 우연히 밀 반죽을 오래 내버려 둔 후, 롤러에 넣었더니 얇고 바삭한 조각으로 부서졌다. 둘은 이 조각을 구워 환자들에게 내놓았다. 반응은 놀라웠다. 부드럽고 소화가 잘되며, 고소한 맛까지 나는 새로운 음식. 이름하여 플레이크 시리얼의 탄생이었다.

윌 켈로그는 처음부터 알고 있었다.

"사람들은 달콤해야 먹는다."

그에게 시리얼은 단지 소화에 좋은 건강식이 아니라, 사람들이 즐겁게 먹고 싶어지는 음식이어야 했다. 바삭함과 함께 살짝 입힌 설탕의 달콤함, 그것이야말로 시리얼을 식탁에 오래 남게 할 열쇠라고 그는 믿었다. 하지만 형 존 하비 켈로그는 그 주장에 고개를 저었다.

"자연이 준 그대로를 먹어야 한다. 설탕은 불필요한 자극이야."

그에게 음식은 건강을 회복하는 수단이자, 신념의 연장선이었다. 달콤함은 기호가 아니라 위장을 해치고 식욕을 과도하게 자극하는 해로운 요소일 뿐이었다.

형제의 의견은 끝내 좁혀지지 않았다. 결국, 1906년 동생 윌은 형과 결별하고 자신만의 길을 선택한다. 그는 켈로그 회사(Kellogg's

회사)를 창립하고, 설탕을 살짝 입힌 콘플레이크를 대중 시장에 내놓는다. 그 결과는 대성공이었다. 그의 시리얼은 단순한 식사가 아닌 즐거운 아침의 시작으로 자리 잡았다.

요양원 환자가 만든 최초의 시리얼

켈로그 형제가 시리얼을 발명했던 시기에 요양원에 환자로 입원한 한 남자가 있었다. 바로, 찰스 윌리엄 포스트(Charles William Post). 그는 켈로그 형제가 실험하던 식단과 조리법에 깊은 인상을 받았고, 요양이 끝난 뒤 그 아이디어를 바탕으로 사업을 시작한다.

1895년, 포스트는 'Postum Cereal Company'를 창립하고, 1897년에는 유명한 시리얼 제품인 '그레이프 너츠(Grape-Nuts)'를 출시한다. 이 제품에는 실제 포도도, 견과류도 들어있지 않았지만, 건강식이라는 이미지로 큰 인기를 얻는다. 포스트는 대중의 눈높이에 맞춘 적극적인 광고 전략으로 빠르게 시장을 장악했다. 아이러니하게도, 포스트는 켈로그보다 더 빠르게 시리얼 산업의 대중화를 이끈 인물이 되었다.

위장병 환자들을 위한 식단

우주인의 시리얼

1960~70년대 NASA의 아폴로 우주 프로그램 시절, 시리얼은 우주비행사들에게 영양을 간편하게 공급할 수 있는 간편식으로 채택되었다. 물론, 일반적인 콘플레이크를 우유에 부어 먹는 방식은 우주에서 불가능했다. 그래서 과학자들은 '우주 전용 시리얼'을 따로 개발하게 된다.

NASA는 아폴로 임무를 준비하며 다양한 우주 식량을 개발했는데, 그중 하나가 바로 압축된 퍼프 시리얼 블록(compacted puffed cereal bars)이었다. 이는 우리가 아는 시리얼을 작게 뭉쳐 압축하거나 바 형태로 만든 형태로, 가루가 날리지 않도록 표면을 코팅하고 진공 포장 처리한 것이 특징이다. 특히 퍼프 타입 시리얼(튀겨 부풀린 시리얼)은 가볍고 부서지기 쉬운 특성 때문에 미세한 입자가 무중력 상태에서 떠다닐 위험이 있었다. 이를 막기 위해 NASA는 시리얼을 '총알처럼 튀긴 후' 다시 고정하는 기술을 적용했다.

우주에서는 중력이 없어 우유를 붓는 것이 불가능하다. 따라서

NASA는 시리얼에 액체 우유 대신 젤 형태의 수분 보충제(gelled moisture additive)를 사용해, 간단히 씹어 넘길 수 있는 촉촉한 시리얼을 완성했다. 이 방식은 시리얼이 입안에서 뻑뻑하지 않도록 하면서도 부스러기가 튀지 않도록 조절해주는 '우주식의 지혜'였다.

장난감 하나로 세상을 바꾼 마케팅의 비밀

1950년대 미국, 한 아이가 슈퍼마켓에서 시리얼 상자를 안고 펄쩍 펄쩍 뛴다.

"엄마, 이거 사줘! 안에 장난감 들어있어!"

그날 이후로 부모들의 선택권은 사실상 사라졌다. 작은 장난감 하나가 아침 식사 시장의 판을 완전히 바꿔 놓은 것이다.

제2차 세계대전이 끝난 뒤, 미국은 베이비붐 시대에 접어든다. 아이는 많아졌고, 시장은 커졌다. 시리얼 회사들은 고민했다.

"어른들 말고, 아이들을 직접 공략하면 어떨까?"

그들은 곧장 TV 광고와 패키지 속 '보물'을 결합하는 전략을 세웠다. 첫 번째 성공작은 케빈 요정 스티커, 곧이어 등장한 건 비밀 암호 카드, 그리고 이어진 건 우주탐사 피규어, 미니 플라스틱 물총, 슈퍼 히어로 배지까지. 그 안에 들어가는 것은 작은 플라스틱 조각이었지만, 아이들에게는 상자 속에 숨겨진 모험과 마법의 조각이었다.

"총 6종! 전부 모아보세요!"

"이번 주까지만 한정 제공!"

이런 문구는 단순한 광고가 아니었다. 아이들의 욕망을 자극하는 정확한 심리공략이었다.

결과는 어땠을까? 아이들은 상자를 고르기 위해 우유보다 더 진지해졌다. 부모들은 마트에서 아이의 떼쓰기에 무력해졌다. 시리얼 매출은 폭발적으로 증가했다. 브랜드 충성도는 자연스럽게 심어졌다. 아이에게는 장난감이, 어른에게는 한 상자의 시리얼이 팔렸다.

21. 생선에서 시작된 토마토의 모험

- 케첩

감자튀김을 앞에 두고 케첩이 없다면, 왠지 뭔가 빠진 느낌이다. 그 빨간 소스 한 숟갈에 짭짤함과 달콤함, 시큼함이 오묘하게 섞여 마치 '이건 맛있어질 준비가 되었다'라는 신호처럼 느껴진다. 하지만 우리가 무심코 찍어 먹는 이 케첩(ketchup)이 처음부터 토마토로 만들어졌던 건 아니었다. 심지어, 그 시작은 토마토조차 없는 땅에서부터였다.

케첩의 시초는 17세기 중국 푸젠성과 동남아시아 지역에서 만들어졌던 발효된 생선 소스인 "케체압(Ke-tsiap)"이다. 현지 어부들이 소금에 절인 생선을 발효시켜 만든 이 소스는 주로 국수나 밥에 간을 맞추기 위해 사용되었고, 짠맛과 감칠맛이 강해 '어른의 간장' 같은 존재였다. 영국의 선원들이 동방무역을 통해 이 독특한 소스를 접했고, 유럽으로 돌아와 비슷한 맛을 내기 위해 노력하며 모방을 시작한다. 하지만 생선 대신 호두, 버섯, 앤초비, 심지어 복숭아 등으로 버전이 변형되었고, 그들은 그것을 "Catchup" 또는 "Ketchup"이라고 불렀다.

18세기 후반, 유럽과 미국에서는 처음으로 토마토를 이용한 케첩 레시피가 등장했다. 당시만 해도 토마토는 '독이 있다'라고 여겨져 외면받던 과일이었지만, 점차 요리 재료로 인정받으며 소스의 재료로도 쓰이기 시작했다. 그리고 그 중심에는 한 남자가 있었다.

1876년, 미국 펜실베이니아의 기업가 헨리 존 하인즈(H.J. Heinz)는 당시 위생과 보존 문제가 많던 소스 시장에 큰 변화를 일으킨다. 그는 토마토를 기본으로 한 케첩 레시피를 개발하면서도, 식초와 설탕을 충분히 활용해 방부제를 넣지 않아도 되는 안정적 조리법을 완성한다. 당시 많은 식품에 첨가되던 붕산이나 포름알데히드 같은 유해 방부제를 사용하지 않아, 하인즈 케첩은 단순한 맛을 넘어서 '믿을 수 있는 음식'이라는 신뢰를 얻게 된다. 그리고 그 후,

하인즈 케첩은 미국 식탁의 상징으로 자리 잡는다.

케첩의 진짜 전성기는 패스트푸드의 시대와 함께 찾아왔다. 감자 튀김, 햄버거, 미트로프, 오믈렛. 케첩은 어떤 음식에도 달콤하면서도 짭조름한 마무리를 선사했고, 아이부터 어른까지 모두가 사랑하는 맛이 되었다.

케첩 그 이상의 만남: 치명적인 조합의 탄생

독일, 베를린의 찬 바람 부는 거리에서 태어난 한 소스가 있다. 단조로운 토마토케첩이 진한 향신료와 만나 '커리 케첩'이란 이름으로 새롭게 태어난 것이다. 오리지널 케첩에 카레 가루, 설탕, 식초, 파프리카, 마늘, 후추 등 향신료를 더해 풍미를 높인 이 소스는, 단순한 토핑이 아닌 '스트리트 음식의 영혼'이자 독일인의 정체성이 되었다.

1949년 중고 장터가 된 베를린, 식자재가 귀하던 시절. 똑똑한 한 여성 헤르타 호이워(Herta Heuwer)는 미군으로부터 받은 케첩과 커리 가루로 실험을 시작했다. 그녀가 만든 소스를 소시지 위에 얹어 팔자, 곧 현대적 커리부어스트의 원형이 탄생했다. 그 이름은 곧 거리 간식의 새 기준이 되었고, 연간 수천만 개가 팔릴 만큼 국민 음식이 되었다.

오늘날 독일의 슈퍼마켓에는 Hela, Zeisner, Knorr, Thomy 등 커리 케첩 브랜드가 즐비하다. 다양한 매운 정도와 향을 가진 제품들이 있는데, 그중에서도 Hela의 Original Curry Gewürz Ketchup은 가장 대표적인 제품이다.

"세상에서 가장 큰 케첩 병"을 아시나요?

감자튀김 위에 뿌려 먹는 케첩 한 줄. 익숙하고도 평범한 이 빨간 소스가, 미국 중서부의 작은 도시에서는 높이 52미터짜리 거대한 랜드마크가 되어 사람들을 맞이한다. 미국 일리노이주 콜린스빌(Collinsville)에 위치한 이 구조물의 이름은 "Brooks Catsup Bottle Water Tower(브룩스 케첩 병 물탑)". 이곳은 단순한 장식물을 넘어, 케첩과 산업의 역사, 그리고 지역 공동체의 자부심이 응축된 진짜 '아이콘'이다.

이 거대한 케첩 병은 1949년, 케첩 제조사였던 G.S. 서피거 컴퍼니(G.S. Suppiger Company)의 요청에 따라 W.E. 콜드웰 사(W.E. Caldwell Company)가 건설했다. 당시 이 물탑은 단순한 조형물이 아닌, 브룩스(Brooks) 케첩 공장을 위한 실제 수도 저장탑으로 기능했다.

그 구조는 이색적이면서도 기능적이다. 약 30미터 높이의 철제 구조물 위에, 실제 케첩 병을 본뜬 21미터짜리 붉은 용기가 얹혀 있으며, 총 높이는 약 52미터에 달한다. 멀리서 보면, 마치 초대형 케첩 병이 하늘을 찌르듯 솟아오른 듯한 모습이다.

이 물탑의 수용 용량은 약 378,000리터에 이른다. 이를 일반적인 시판 케첩 병으로 환산하면 약 64만 병 분량이다. 만약 이 탑 안에 실제로 케첩을 채울 수 있다면, 감자튀김 수억 개는 거뜬히 덮고도 남을 양이다. 물론 실제로는 식수를 저장하기 위한 탑이었지만, "케첩 병 안에 물이 들어 있다"라는 발상 자체가 지역의 유쾌한 상상력을 자극했다.

컬러 케첩

케첩의 고전적인 이미지 - 붉은 병에 담겨 감자튀김 위에 붓는 익숙한 풍경. 하지만 2000년대 초반, 하인즈(Heinz)는 이 고정관념을 뒤흔들 두 가지 혁신을 세상에 내놓았다. 바로 'Dip & Squeeze' 포장과 알록달록한 컬러 케첩이다. 이 두 실험은 현실로 존재했고, 하나는 실용의 상징으로 남았고, 다른 하나는 유년 시절의 추억으로 사라졌다.

2011년, 하인즈는 기존의 케첩 소포장을 대체할 획기적인 포장을 시장에 선보였다. 'Dip & Squeeze'라 명명된 이 포장은 이름 그대로 두 가지 방식으로 사용할 수 있는 멀티형 포장이었다.

소비자는 윗면을 들춰 찍어 먹는 dip 방식을 선택하거나, 옆면 끝을 잘라 짜서 먹는 squeeze 방식을 택할 수 있었다. 기존보다 세 배 많은 용량(약 27g)을 담아냈고, 드라이브 스루 차량 내에서 사용하기 편리하다는 이유로 패스트푸드 업계의 뜨거운 호응을 받았다.

"계란과 기름의 기적" - 마요네즈

샌드위치에서 감자 샐러드까지, 세계인의 식탁 위를 부드럽게 감싸는 마요네즈(Mayonnaise). 오늘날 냉장고 속 필수 조미료로 자리 잡은 이 소스의 탄생은, 놀랍게도 전쟁터와 정치적 사건에서 비롯되었다.

기록에 따르면 마요네즈는 18세기 중반, 프랑스 군대가 스페인의 메노르카(Menorca)섬 마혼(Mahón)을 점령하면서 처음 만들어졌다고 전해진다. 1756년, 프랑스의 공작 리슐리외(Duc de Richelieu)가 영국군과의 전투에서 승리한 뒤, 현지에서 축하연을 준비하던 중 크림소스 재료가 떨어졌다. 이에 주방장은 계란 노른자와 기름을 휘저어 만든 임시 소스를 선보였고, 그 독특한 부드러움과 풍미에 감동한 리슐리외는 이 소스를 '마혼식 소스(Sauce Mahonnaise)'라 부르며 퍼뜨렸다고 전해진다. 이 명칭이 훗날 영어권에서 '마요네즈(Mayonnaise)'로 굳어지게 된 것이다.

마요네즈는 사실 화학적으로도 흥미로운 조합이다. 기름(지방)과 계란 노른자(유화제), 약간의 산(식초나 레몬즙)을 고르게 섞어 만든 유화(Emulsion) 소스로, 물과 기름이라는 상반된 물질이 조화롭게 어우러진 대표적 사례다. 오늘날 상업용 마요네즈에는 식물성 기름, 계란 노른자, 식초, 소금, 설탕, 향신료 등이 포함되며, 국가에 따라 단맛의 강도나 점도, 색상이 다르게 조정되기도 한다.

1905년, 미국 뉴욕. 독일계 이민자 리처드 헬만(Richard Hellmann)은 아내와 함께 맨해튼 콜럼버스 애비뉴에 작은 델리 가게를 열었다. 이 가게에서 그는 샐러드와 샌드위치를 판매했는데, 직접 만든 마요네즈 소스가 손님들에게 특히 큰 인기를 끌었다.

이에 헬만은 가게에서 쓰던 마요네즈를 병에 담아 판매하기 시작했고, 1912년에는 'Hellmann's Blue Ribbon Mayonnaise'라는 브랜드명을 걸고 본격적인 상품화에 나섰다. 병뚜껑에는 파란 리본이 묶여 있었고, 이는 품질에 대한 자부심을 상징했다. 그의 마요네즈는 곧 뉴욕 전역에서 인기를 얻었고, 미국 최초의 대량 생산·시판 마요네즈로 자리 잡게 된다.

나폴레옹 3세가 만든 인류 최초의 대체 지방, 마가린의 탄생

오늘날 건강과 비용 문제로 버터 대신 선택되는 대표적인 식용유, 마가린. 그 시작은 19세기 프랑스, 제국의 황제가 던진 단 하나의 명령에서 비롯되었다.

"군인들과 가난한 국민을 위해, 버터보다 싸고 오래가는 지방을 만들어라!"

1860년대 프랑스, 황제 나폴레옹 3세는 전쟁과 빈곤 속에서 군대와 서민들에게 보다 저렴하고 저장 가능한 식품 공급이 절실하다는 것을 깨달았다. 그중 하나가 바로 버터의 대체품이었다. 1869년, 그는 상금을 걸고 "버터를 대체할 수 있는 식용 지방"을 공모한다. 이 공모전에서 우승한 이가 바로 프랑스의 화학자 이폴리트 메즈-무리에(Hippolyte Mège-Mouriès)였다.

메즈-무리에는 쇠기름(우지, beef tallow)을 기본으로 하여 우유와 함께 유화(乳化)시키는 방식으로 부드럽고 크리미한 고형 지방을 개발했다. 그는 이 제품을 라틴어로 '진주'를 뜻하는 margarita에서 유래한 이름인 "마가린(Margarine)"이라고 명명했다. 최초의 마가린은 오늘날보다 훨씬 동물성 기름의 비율이 높았으며, 외관과 식감은 버터와 유사했지만, 맛은 다소 밋밋했다.

1871년 메즈-무리에는 발명을 특허로 등록했으며, 네덜란드와 독일 등의 기업들이 기술을 도입하며 마가린 산업이 유럽 전역으로 퍼지기 시작했다. 1873년 미국에서는 B.O. Cutter라는 기업이 메즈-무리에의 특허를 바탕으로 최초로 올레오 마가린을 공장형 식품으로 생산하게 된다. 이로써 올레오 마가린은 세계적인 식품으로 자리 잡는다.

22. 깡통으로 전쟁에서 이기다

- 통조림

전쟁은 많은 것을 파괴하지만, 때로는 세상을 바꾸는 '음식 기술'도 탄생시킨다. 통조림(Canned food)은 그 대표적인 사례다. 오늘날 편의점에서 손쉽게 집어 들 수 있는 이 깡통 음식이, 사실은 1800년대 초 나폴레옹의 전쟁터에서 태어난 발명품이라는 사실을 알고 있는가?

1800년대 초, 프랑스의 황제 나폴레옹 보나파르트는 유럽 정복을 위한 원정을 하고 있었다. 하지만 문제는 항상 "군대는 위장으로 진격한다(L'armée marche sur son estomac)"는 말처럼, 수만 명의 병사에게 안전하게 보존된 식량을 제공하는 일이었다. 그래서 나폴레옹은 1795년,

"음식을 오래 보관할 수 있는 새로운 방법을 개발한 사람에게 12,000 프랑을 지급하겠다."라는 포상금을 걸고 공모전을 열었다.

프랑스의 제과업자 니콜라 아페르(Nicolas Appert)는 이 공모에 도전한다. 그는 실험을 거듭한 끝에 유리병에 음식을 담고, 밀봉한 뒤, 끓는 물에 오랫동안 가열하면 음식이 오래 보존된다는 것을 알아낸다. 1809년, 그는 드디어 "음식 저장을 위한 새로운 방법"으로 나폴레옹에게 인정을 받고 상금 12,000 프랑을 받는다. 이것이 세계 최초의 '병조림', 그리고 현대 통조림 기술의 출발점이다.

하지만 유리병은 깨지기 쉬웠다. 그래서 영국에서는 프랑스의 병조림 아이디어를 바탕으로, 철제 캔(깡통)에 음식을 밀봉하고 고온 살균하는 방법이 개발된다. 1810년, 피터 듀런드(Peter Durand)는 주석 도금 철 캔을 이용한 보존법으로 특허를 얻는다. 이것이 우리가 아는 '통조림'의 시작이다. 이후 1813년, 영국은 해군 전투식량용으로 통조림을 도입하며 군사 보급체계에 혁신을 가져온다.

아이러니하게도, 초창기 통조림은 따는 방법이 없었다. 초기 통조림엔 "망치와 끌을 사용하라"라고 쓰여 있었다. 실제로 병사들이 총검이나 돌로 뚫어 먹던 기록도 있다. 그로부터 50년이 지난 1855년, 드디어 첫 통조림 전용 병따개가 등장하면서, 비로소 "먹기 쉬운 보존식" 시대가 열리게 된다.

(1856년의 복숭아 캔)

깡통따개의 발명 이야기

1855년, 영국의 칼갈이 장인이었던 로버트 예이츠(Robert Yeates)가 최초의 통조림 병따개를 고안한다. 이 병따개는 오늘날 우리가 아는 원형 날이 있는 장치가 아닌, 칼날이 달린 송곳 형태의 도구였다. 캔의 윗부분을 찔러서 톱질하듯 돌리며 따는 방식이었다. 물론 지금처럼 "쉽고 안전한" 기구는 아니었지만, 전용 도구가 없던 시절에 비하면 엄청난 진전이었다.

1870년, 미국의 윌리엄 리만(William Lyman)은 오늘날 우리가 아는 회전식 깡통따개의 원형을 특허 등록한다. 모서리에 칼날을 고정하고 손잡이를 돌리며 캔 위를 따라 자르는 구조. 이 도구는 캔 뚜껑을 더욱 깔끔하게, 덜 위험하게 열 방법으로 진화했다.

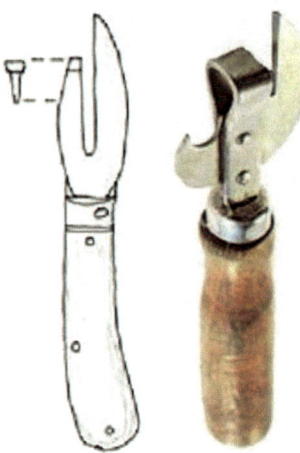

1920년, "톱니와 롤러가 함께 움직이는 형태"가 등장하면서 깡통따개는 비로소 현대적인 구조를 완성한다. 이후 전 세계 주방에서 표준처럼 자리 잡게 된다. 톱니바퀴가 캔의 가장자리를 잡고, 날이 회전하며 뚜껑을 따라 자르는 방식. 이 기술은 오늘날 수동 깡통따개는 물론, 전동 병따개, 자동 병따개, 뚜껑 따개 겸용 모델 등으로 계속 응용된다.

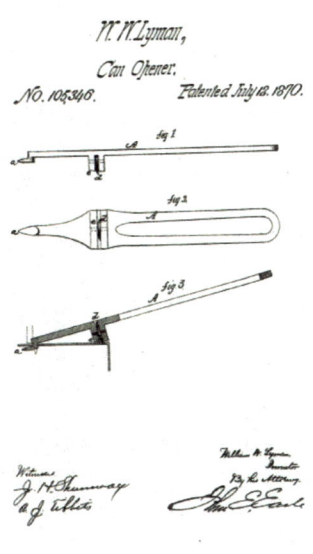

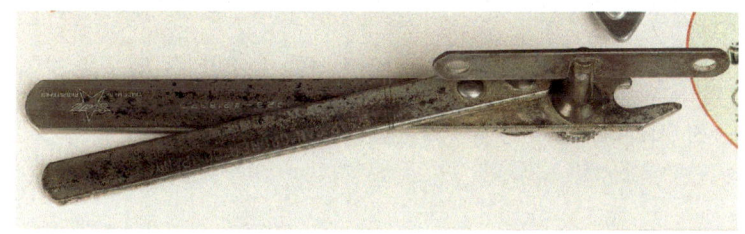

109년 만에 열린 통조림, "여전히 먹을 수 있었다"

1974년 영국, 한 팀의 식품과학자들이 1865년에 생산된 고기 통조림을 개봉했다. 무려 109년의 세월이 흘렀지만, 그 결과는 놀라웠다. 과학자들은 이 오래된 통조림을 실험실 환경에서 정밀 분석했고, 내용물은 색이 다소 변했지만 부패하지 않았으며, 유해 미생물도 거의 검출되지 않았다.

"냄새는 다소 변질했지만, 식품 안전성 측면에선 여전히 '섭취 가능' 판정을 받을 수 있는 수준이었다."

이 결과는 당시 영국의 식품 보건 연구소와 함께 Smithsonian Magazine에도 보도되어, 식품 저장 기술의 신뢰성을 재조명하는 계기가 되었다. 이 실험은 고온 살균과 밀봉이라는 통조림 기술이 수십 년, 심지어 100년 이상까지도 안전성을 유지할 수 있음을 보여준 대표적 사례다.

100년 된 참치 통조림, 경매가 1,100유로!

스페인의 고급 통조림 브랜드 오르티스(Ortiz)가 창립 100주년을 기념해 선보인 빈티지 참치 통조림이 최근 한 경매에서 1,100유로에 낙찰되었다.

이번 경매에 나온 제품은 1920년대 디자인을 그대로 재현한 보관용 전시 통조림으로, 실제 내용물이 보존되었는지는 알려지지 않았다. 하지만 경매 참가자들은 "먹는 것이 목적이 아니라, 예술적·역사적 가치가 있는 수집품"으로서 이 통조림을 평가했다.

스페인 바스크 지방에서 시작된 Ortiz는 100년 넘게 올리브오일에 숙성한 고급 참치 통조림으로 명성을 쌓아왔다. 그들의 제품은 유럽 전역에서 '명품 캔푸드'로 불릴 만큼 높은 평가를 받고 있으며, 최근에는 지속 가능한 어업과 장인 수작업으로 더욱 주목받고 있다.

스팸(SPAM)의 발명 이야기

1937년 미국 미네소타주 오스틴, 육가공 회사 호멜(Hormel Foods)이 새로운 형태의 저렴하고 오래가는 햄 제품을 세상에 내놓는다. 그 이름은 바로 스팸(SPAM).

스팸은 처음엔 어중간한 돼지고기 부위(어깨살 등)를 소금, 감미료, 전분, 방부제와 함께 통조림한 가공육이었다. 상온 보관이 가능하고 유통 기한도 길어 2차 세계대전 중 미군의 주 전투식량으로 채택된다. 전쟁터로, 기지로, 점령지로 퍼져나간 스팸은 영국, 하와이, 한국, 필리핀 등지에까지 보급되며 전후 문화 속 음식으로 자리 잡는다.

'SPAM'은 Spiced Ham(양념한 햄)의 줄임말이라는 설도 있고, 당시 호멜 사 직원의 형이 즉석 아이디어로 지은 이름이라는 유쾌한 일화도 있다. 어쨌든 짧고 강렬한 네 글자는 곧 20세기 캔푸드의 대명사가 되었다.

23. 한 그릇에 담긴 조화의 철학

– 비빔밥

비빔밥은 한 그릇 안에 조화와 질서, 그리고 한국인의 삶의 철학을 고스란히 담고 있는 음식이다. 고소한 참기름 향이 퍼지는 따뜻한 밥 위에 나물, 고기, 계란, 고추장까지 정갈하게 올려진 그 모습은 단순한 한 끼가 아니라, 하나의 세계다.

하지만 이렇게 정제된 형태로 자리 잡기까지, 비빔밥은 우연과 일상의 지혜 속에서 탄생했다. 명절이나 제사 후, 남은 반찬들을 버리기 아까워 밥에 모아 넣고 비벼 먹었던 실용적인 습관이 오늘날 우리가 아는 '비빔밥'의 시작이었다는 설이 가장 널리 전해진다.

어떤 날은 산적이 들어가고, 어떤 날은 나물이나 김치가 올라가기도 했던 이 즉흥적이고 소박한 조합이 의외로 훌륭한 맛을 냈고, 이내 집집마다 즐겨 찾는 음식이 되었다. 비빔밥은 신분의 벽도 넘었다. 궁중에서는 비빔밥을 고급 요리로 승화시켰다. 채소 하나, 고명 하나에도 의미를 담고 손질을 더 해 절제와 예법의 미학이 담긴 '궁중 비빔밥'이 만들어졌고, 반면 서민들 사이에서는 재료에 구애받지 않는 실용적이고 자유로운 방식으로 자리 잡았다.

특히 21세기 들어 웰빙 열풍과 함께 건강식으로 주목받으며 돌솥비빔밥, 채식 비빔밥, 심지어 샐러드 비빔밥까지 다양한 형태로 재해석되며 K-푸드의 대표 아이콘이 되었다.

2011년에는 반기문 전 유엔 사무총장이 "비빔밥은 다양성 속의 조화를 보여주는 음식"이라며 세계 외교 무대에서 소개하기도 했다. 그 말처럼 비빔밥은 다름을 인정하면서도, 그 다름이 모였을 때 얼마나 풍성해지는지를 보여준다.

기네스 팰트로의 비건 비빔밥

기네스 팰트로는 채소와 곡물, 참기름 소스를 활용해 전통적인 비빔밥을 비건 샐러드 형태로 재해석했다. 해당 레시피는 그녀의 Goop 웹사이트 및 요리 전문 사이트 vegetarian-recipes.wonderhowto.com에 등재되었으며, 실제 조리 영상까지 제공돼 많은 관심을 받았다.

"비빔밥은 단순히 한식 그 이상이에요. 제 몸에 맞는 방식으로 변형할 수 있는 '열린 그릇'이죠."

— 기네스 팰트로, Goop 콘텐츠 중

그녀의 레시피는 고추장을 제외한 대신, 간장·마늘·참기름을 기본으로 한 드레싱을 사용해 채소 위주의 식단을 유지하면서도 '비

빔'의 본질적인 즐거움을 살려냈다는 평가를 받는다.

뼈째 썬 갈비, 고향의 맛을 살리다 – LA갈비

한국인의 대표적 외식 메뉴 중 하나인 LA갈비. 고깃결을 따라 길게 썬 소갈비에 달콤 짭조름한 양념을 입혀 구워낸 이 메뉴는 정작 '서울'도, '부산'도 아닌 미국 로스앤젤레스에서 탄생했다. 한식이 낯설었던 미국의 정육점, 그리고 고향의 맛을 그리워하던 이민자들 사이에서 한 조각의 고기는 그렇게 새로운 요리로 다시 태어났다.

1970년대 후반부터 1980년대 초반, 미국 로스앤젤레스에는 한국에서 이민 온 한인들이 급격히 늘어나기 시작했다. 설날이나 추석 같은 명절, 한인들은 소 갈비찜이나 갈비구이를 해 먹고 싶어 했지만, 문제는 정육점에서 파는 갈비의 형태가 달랐다는 점이었다. 한국처럼 뼈를 따라 두툼하게 썬 '꽃갈비 스타일'은 미국 정육점에서 보기 어려웠고, 대신 미국식으로 가로 방향으로 얇게 썰린 갈비가 흔했다.

이 미국식 썰기 방식은 영어로 **"flanken cut"**, 즉 가로 방향의 단면 절단이라 부른다. 이 방식은 고기의 결과 뼈가 함께 드러나며 얇게 펴진 형태로 3개의 갈빗대가 나란히 보이는 특징이 있다. 정육점에서는 이 방식이 기계로 대량 생산하기 쉬워 더 자주 사용되었고, 초기 이민자들은 "그럼 이걸로 양념해서 구워보자"라고 시도했다. 그 결과물이 바로 'LA갈비'였다.

조선 궁중 간식이 어떻게 길거리 떡볶이로 변신했을까?

오늘날 한국을 대표하는 길거리 음식, 떡볶이. 맵고 달고 짭조름한 이 음식은 분식집의 여왕이라 불리며 어린이부터 어른까지 세대를 아우르는 간식이자 식사 대용으로 사랑받고 있다. 하지만 이 매콤한 소스 뒤엔 잘 알려지지 않은 우아한 궁중의 과거와 우연한 재발견이 숨겨져 있다.

떡볶이의 원형은 조선 시대 궁중에서 먹던 간장 양념 떡볶이였다. 이 떡볶이는 오늘날처럼 매운맛이 아니라, 간장과 참기름, 고기, 채소를 넣고 볶은 담백한 맛이 특징이었다.

『시의전서』 등 고조리서에도 등장하는 이 간장 떡볶이는 왕과 왕비의 간식 혹은 제사상 음식으로도 쓰였으며, 전통 한정식의 일부로 오늘날에도 종종 등장한다.

현재 우리가 즐기는 고추장 떡볶이의 시초는 1953년, 서울 중구 신당동의 한 시장에서 우연히 탄생했다고 전해진다. 전쟁 직후인 그 시기, 마복림 여사라는 인물이 떡국 떡과 고추장을 함께 볶아 만든 매콤한 간식을 선보였고, 이것이 큰 인기를 끌며 신당동 떡볶이 골목의 시작이 되었다. 그녀의 가게는 이후 전국 떡볶이 붐의 출발점이 되며, 그녀는 "현대식 떡볶이의 창시자"로 불리게 된다.

궁중의 증기솥, 신선로의 탄생

육류, 해산물, 채소가 정갈하게 둘러앉고, 가운데선 국물이 보글보글 끓는다. 불 위의 예술품처럼 보이는 이 전통 냄비 요리의 이름은 신선로(神仙爐). 궁중요리이자 접대 음식의 상징인 신선로는 단순한 요리가 아니라, 왕실의 과학과 미학, 철학이 녹아든 발명품이었다.

신선로는 조선 시대 궁중에서 즐기던 고급 접대용 찌개 혹은 전골 요리로, 이름부터 비범하다. '신선로(神仙爐)'란 신선(神仙)이 사용하는 화로(爐)라는 뜻으로, 신선처럼 귀한 이들을 대접하는 요리라는 의미를 담고 있다. 궁중에서나 양반 가문에서 귀한 손님에게 접대 음식으로 내놓았고, 그 품격과 조리 방식이 독특해 "움직이는 연회용 화로"로 불리기도 했다.

신선로는 단지 요리의 이름만이 아니라, 조리기구 그 자체의 이름이기도 하다. 신선로 솥은 가운데에 구멍이 뚫린 원통형 화로(숯을 넣는 통로)가 있고, 그 주변으로 국물과 재료들이 고루 배열된다. 이 구조는 다음과 같은 과학적 발명 요소를 포함하고 있다.

★ 열의 중심 분산 구조: 가운데 숯불이 열을 중앙에서 바깥으로 전달
★ 재료의 층별 조리: 고기, 해산물, 채소를 일정한 방향과 배열로 배치
★ 온도 유지: 뚜껑을 덮으면 오랫동안 따뜻하게 유지되어 연회 음식에 최적

'신선로'라는 이름은 조선 후기 문헌에서 처음 등장한다. 특히 정조(재위 1776~1800) 시기의 문헌에 "신선로를 올려 궁중을 접대하였노라"라는 기록이 남아 있으며, 『시의전서』나 『조선무쌍신식요리제법』 등의 고조리서에도 그 제조 방식이 소개되어 있다.